TEGAOYA BIANDIAN GONGCHENG
SHIGONG GONGYI ZHINAN

特高压变电工程
施工工艺指南

电气安装分册

国家电网公司交流建设部　组编

中国电力出版社
CHINA ELECTRIC POWER PRESS

内 容 提 要

本书全面总结、完善了特高压变电工程施工管理经验，是在国家电网公司输变电工程工艺标准库基础上针对特高压变电工程的补充和完善，分电气安装和土建施工两个分册，每项工艺包括：工艺名称、工艺编号、工艺标准、施工要点、图片示例、工艺效果、适用范围（仅土建施工分册有）。

本书为电气安装分册，分为 1000kV 变电站特有设备、变电站通用设备两篇，具体包含 1000kV 主体变压器（高压电抗器）安装、1000kV 调压补偿变压器安装、软母线安装、引下线及跳线安装等共计 37 大项工艺。

本书适用于特高压变电工程业主、监理、施工人员等，其他工程相关人员可参考使用。

图书在版编目（CIP）数据

特高压变电工程施工工艺指南. 电气安装分册/国家电网公司交流建设部组编. —北京：中国电力出版社，2018.6
　ISBN 978-7-5198-2101-2

　Ⅰ. ①特… Ⅱ. ①国… Ⅲ. ①特高压输电–变电所–电力工程–工程施工–指南②特高压输电–变电所–电气设备–设备安装–指南 Ⅳ. ①TM63–62

中国版本图书馆 CIP 数据核字（2018）第 102559 号

出版发行：中国电力出版社
地　　址：北京市东城区北京站西街 19 号（邮政编码 100005）
网　　址：http://www.cepp.sgcc.com.cn
责任编辑：薛　红（010-63412346）
责任校对：马　宁
装帧设计：张俊霞　赵姗姗
责任印制：邹树群

印　　刷：北京雁林吉兆印刷有限公司
版　　次：2018 年 6 月第一版
印　　次：2018 年 6 月北京第一次印刷
开　　本：710 毫米×980 毫米　16 开本
印　　张：14
字　　数：237 千字
定　　价：70.00 元

特高压变电工程施工工艺指南
电气安装分册

编写委员会

主　　任　路书军　张书豪

副 主 任　韩先才　刘　博

成　　员　董四清　孙　岗　黄常元　李　猛　熊织明　陈　广

　　　　　张景辉　曹俊武　毛伟敏　董　凯　刘　杰　梅传鹏

审查工作组

组　　长　刘　博

副 组 长　董四清　邱　宁　倪向萍　王宁华　魏建立　赵建平

　　　　　王怀民　岳　宏　范庆伟

审查人员　宋国贵　戴荣中　黄宝莹　阎国增　赵春生　张　雄

　　　　　陈　凯　肖　峰　段文华　张人英　霍春旻　马瑞鹏

　　　　　范炜龙　高　旺　吴奕卯　张　毅　李　强　吕锦涛

　　　　　张　敏　刘旭锋　侯　镭　潘文翰　付宝良　钱　峰

　　　　　刘　振　彭凌峻　许艺琼　高亚平　黄　波　陶文华

　　　　　单　俊　胡文华　尹兴凯

编写工作组

组　　长　董四清

副 组 长　马　跃　王小松　葛　栋　李　新　田小文　范　震
　　　　　兰碧海　张　耀

编写人员　马卫华　路鹏程　王粤术　王志强　魏胜虎　李富春
　　　　　邢仁杰　翟英杰　毕东磊　崔亚超　王英哲　杨　杰
　　　　　李　超　张　磊　陈　振　孙　斌　张　治　张　彪
　　　　　汪　通　罗兆楠　刘　波　卞秀杰　江海涛　周万骏
　　　　　沈华松　王　琦　王　程　施红军　黄国彬　王开库
　　　　　田文敏

前　言

特高压交流工程建设历经 11 年，已投运 12 个工程，为全面总结、完善特高压变电工程施工管理经验、规范作业行为，统一工艺，固化优秀成果，保证特高压变电工程本质质量和安全，推动工程优质建设，国家电网公司交流建设部立项开展了特高压变电工程施工工艺标准化研究与应用，形成了《特高压变电工程施工工艺指南》（以下简称《指南》）。

本《指南》由国家电网公司交流建设分公司组织，河北省送变电有限公司、国网山西送变电工程有限公司负责，国网北京经济技术研究院，安徽送变电工程有限公司、浙江省送变电工程有限公司、国网湖北送变电工程有限公司、上海送变电工程有限公司、江苏省送变电有限公司、山东送变电工程有限公司、河南送变电建设有限公司、湖南省送变电工程有限公司、中国能源建设集团天津电力建设有限公司等单位参与编制和审查完成，编制中遵循了工业设施"安全可靠、简洁实用、美观大方、节能环保，便于运行维护"基本要求；成果具有标准特色，普遍适用性和一定的前瞻性，兼顾经济合理性，便于机械化施工、流水作业、工厂化加工预制和社会采购组部件等。《指南》征求了参与特高压交流工程建设的各省电力公司、监理、施工单位意见。

本《指南》是在国家电网公司输变电工程工艺标准库基础上针对特高压变电工程的补充和完善，分电气安装和土建施工分册，共包括施工工艺 71 大项155 小项。电气安装分册包括37 大项39 小项（管形母线和地网分别 2 项）；土建施工分册包括 34 大项116 小项，其中 14 大项进行了适用范围分析。《指南》中每项工艺包括工艺名称、工艺编号、工艺标准、施工要点、图片示例、工艺效果、适用范围（仅土建施工分册有），其中：工艺标准侧重成品实体、主要工艺过程实体的质量指标要求；施工要点侧重为达到工艺标准，各施工流程需采取的实施方法及操作要求、主要材料及施工机械要求，体现"如何做"；工艺效果侧重从整体描述执行工艺标准和施工要点后能达到的效果，是工艺标准符合的程度描述；适用范围包括工艺适用地区、质量控制和材料购置等难易程度、施工周期、经济分析等。

为方便使用，《指南》中所有工艺按照以下编号规则进行了标号：土建施工工艺编号为 T－JL－BT－××－××－2018，含义为 T（特高压）－JL（交流）－BT（变电土建）－××（大项序号）－××（小项序号，若无省略）－2018（年）；电气安装工艺编号为 T－JL－BD－××－××－2018，含义为 T（特高压）－JL（交流）－BD（变电电气）－××（大项序号）－××（小项序号，若无省略）－2018（年）。另外，本《指南》中引用的标准、规程规范等为现行有效版本，如同一标准、规程规范有更新的版本，按新版本执行。

本《指南》的出版，凝聚了特高压变电工程广大工程建设管理人员与技术人员的智慧和心血，是特高压变电工程建设质量和施工技术经验的结晶，谨向付出辛勤劳动的人员致以衷心的感谢！本《指南》在试用过程中如发现问题，请及时与国家电网公司交流建设分公司联系，以便后续修订完善。

编　者

2018 年 5 月

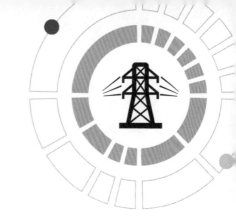

目 录

前言

第一篇 1000kV 变电站特有设备

第二篇 变 电 站 通 用 设 备

第一篇

1000kV 变电站特有设备

1 1000kV 主体变压器（高压电抗器）安装

工艺编号：T-JL-BD-01-2018
编写单位：河北省送变电有限公司
审查单位：国家电网公司交流建设分公司

1.1 工 艺 标 准

1.1.1 安装区域条件

（1）施工场地布置合理，规避与其他作业面的交叉作业。

（2）绝缘油全密封处理系统、电源系统满足安装要求。

（3）设置现场油务检测室。

（4）基础（预埋件）中心位移、水平度误差符合设计要求，且中心位移≤5mm，水平度误差≤2mm。

（5）基础预埋件及预留孔符合设计要求，预埋件安装牢固。

1.1.2 开箱检查

（1）高压套管、充油运输的高压出线装置三维冲击加速度值应符合产品技术文件要求，产品无要求时冲击加速度值应不大于 3g。

（2）充干燥空气的运输单元或部件，预压力值应在 0.01～0.03MPa。制造厂家有特殊要求时，按制造厂要求执行。

（3）到场附件应无变形损伤，产品技术资料应齐全。

（4）到场绝缘油技术指标应符合设备技术规范书要求。

1.1.3 本体就位

（1）本体中心位移，应符合产品技术文件要求。

（2）主体变压器（高压电抗器）[简称主体变（高抗）]就位后冲击记录装

置无异常，三维冲击加速度均不大于 3*g*。

（3）充干燥空气运输的主体变（高抗），气体压力无异常，压力值范围为 0.01～0.03MPa。安装前每日进行压力检查，且记录齐全。

1.1.4　冷却装置安装

（1）冷却器外观完好无锈蚀，无碰撞变形，法兰面平整，密封完好。

（2）支座法兰面平行、密封垫居中不偏心受压。

（3）外接管路内壁清洁，流向标识正确。

（4）阀门操作灵活、密封良好，开闭位置正确。

（5）油泵及风扇电机结合面严密，油流继电器密封良好，动作可靠。

1.1.5　储油柜安装

（1）储油柜表面应无碰撞变形、无锈蚀、漆层完好，内壁光滑、清洁、无毛刺。

（2）储油柜胶囊密性良好，无泄漏。排气塞、油位表指示器摆杆绞扣清洁、无缺陷。

（3）油位表动作应灵活，指示应与储油柜的真实油位相符，油位表的信号接点位置应正确，绝缘应良好。

（4）吸湿器油位正常，应处于最低油面线和最高油面线之间，吸湿剂颜色正常。

1.1.6　器身检查

（1）天气符合要求，凡雨、雪、风（4 级以上）和空气相对湿度 75%以上的天气不得进行器身检查。

（2）器身检查主要项目及检查结果应符合 GB 50835—2013《1000kV 电力变压器、油浸电抗器、互感器施工及验收规范》的规定。

（3）铁心、夹件绝缘电阻及残油指标应符合规范和产品技术文件要求；器身内部检查由制造厂负责。

1.1.7　高压出线装置及升高座安装

（1）应按制造厂对装标识进行安装。

（2）出线装置、升高座表面应无碰撞变形、锈蚀，漆层完好。

（3）套管式电流互感器安装前试验结果应符合 GB/T 50832—2013《1000kV系统电气装置安装工程电气设备交接试验标准》的规定。

1.1.8　套管安装

（1）套管表面无裂缝、伤痕，瓷釉无剥落，瓷套与法兰的胶装部位牢固、密实；充油套管无渗油，油位指示正常。

（2）安装位置应正确，油位指示面向外侧。

（3）法兰连接紧密，连接螺栓齐全、紧固。

（4）末屏应完好，接地可靠。

（5）均压环安装应无划痕、毛刺，安装牢固、平整、无变形。

（6）油浸式套管试验结果符合 GB/T 50832—2013《1000kV 系统电气装置安装工程电气设备交接试验标准》的规定。

1.1.9　气体继电器安装

（1）气体继电器应检验合格，动作整定值应符合定值要求。

（2）气体继电器安装方向应正确，密封应良好。

（3）集气盒内应充满绝缘油，密封应良好。

（4）气体继电器应有防雨罩。

1.1.10　压力释放阀、测温装置安装

（1）压力释放装置、温度计安装前应检验合格，信号接点动作正确，导通良好，就地与远传显示符合产品技术文件规定。

（2）温度计根据设备制造厂的规定进行整定，并报运行单位确认。

（3）温度计、压力释放装置安装防雨罩（设备安装在 box-in 内的除外）。

（4）温度计底座应密封良好。

（5）膨胀式信号温度计的细金属软管弯曲半径不得小于 50mm。

（6）压力释放装置安装方向应正确，阀盖和升高座内部应清洁，密封应良好，电接点动作应准确、绝缘应良好，动作压力值应符合产品技术文件要求。

1.1.11　抽真空处理

真空残压和持续抽真空时间应符合产品技术要求；当制造厂无要求时，真

空残压小于或等于 13Pa 的持续抽真空时间不得小于 48h，或真空残压小于或等于 13Pa 的累计抽真空时间不得小于 60h。计算累计时间时，抽真空间断次数不应超过 2 次，间断时间不应超过 1h。

1.1.12　真空注油和热油循环

（1）真空注油时应选择晴好天气，不得在雨天和雾天进行。

（2）注油前，设备各接地点及油管必须可靠接地。

（3）热油循环结束的条件应符合产品技术文件要求，当产品技术文件无要求时，应执行 GB 50835—2013 的规定。

（4）真空注油前和热油循环后的绝缘油各项指标应符合 GB/T 50832—2013《1000kV 系统电气装置安装工程电气设备交接试验标准》的规定。

1.1.13　整体密封试验和静置

（1）整体密封试验期间主体变（高抗）密封良好，无渗油。

（2）密封试验和静置时间制造厂有特殊规定的应按制造厂要求执行。

1.1.14　电缆敷设及二次接线

（1）电缆敷设应排列整齐、美观、减少交叉。

（2）二次接线应排列整齐、工艺美观、接线正确。

（3）电缆接地方式应满足设计和规范要求。

（4）电缆防火封堵应符合设计要求。

（5）电流互感器二次备用绕组端子应在本体端子箱处短接接地。

（6）电缆引线接入气体继电器处应有滴水弯。

（7）主体变（高抗）二次设备安装及二次接线符合 GB 50171—2012《电气装置安装工程　盘、柜及二次回路接线施工及验收规范》的规定。

（8）二次回路的电源回路送电前，应检查绝缘，其绝缘电阻值不应小于 1MΩ，潮湿地区不应小于 0.5MΩ。

1.1.15　交接试验

试验结果应满足 GB/T 50832—2013 的规定。

1.2 施 工 要 点

1.2.1 安装区域条件

（1）主体变压器区域内上层两侧软母线架设完成，高抗零档线架设完成，主体变或高抗区域土建转电气安装完毕，具备安装条件。

（2）附件存放场地应已硬化、平整、无积水。

（3）施工平面布置应符合现场安全文明施工要求。

（4）真空泵、干燥空气发生器、真空滤油机等机械设备试运转正常，接地良好。

（5）安装场地应设置专用电源箱，负荷经计算满足施工用电需求，确保滤油和安装作业用电需求不间断。

（6）滤油场设置全密封滤油系统管理，周围布置围挡，地面硬化处理，并配置相应消防措施。该系统由真空滤油机、精滤装置、呼吸装置、油罐构成，并通过油管及阀门连接成全密封整体，实现在不露空状态下完成倒油、滤油、注油、热油全过程的绝缘油处理工作。系统采用滤芯为 0.5μm 的 10 000L/h 及以上真空滤油设备，滤油方法采用阀门倒罐控制系统。

（7）滤油场的油罐数量满足施工要求，总容积应大于单台设备最大容积的120%。

（8）油罐就位后清洗干净，吸湿器装入吸潮剂，并做好防止雨水、潮气侵入措施，接地良好。油罐之间封闭连接管路放入保护槽盒内，进出油阀门和取油口下方设置不锈钢托盘，防止绝缘油渗漏污染。

（9）现场设置油务检测室，在主体变（高抗）新油到货、残油、合格油注入前、热油循环后、耐压前、耐压后进行绝缘油检测，采用规定的方法取样，减少环境对油品的污染。全程量化检测和跟踪分析，降低取样误差。

（10）基础划线由土建施工单位根据施工图纸放点，并使用激光定位仪和卷尺进行点位检查，确认点位均准确无误后，使用墨斗划出主体变（高抗）基础中心线。

1.2.2 设备开箱检查

（1）检查高压套管及充油高压出线装置三维冲撞记录仪有无异常，是否符合要求。

（2）检查冷却器、高压出线装置、套管式电流互感器等附件外观是否完好无损，储油柜表面应无变形、锈蚀，漆层完好。

（3）检查充油套管油位是否正常，有无渗油，瓷体有无损伤。

（4）充干燥空气运输单元或部件到场后检查预充压力。

（5）仪器、仪表及电器元件的组件，开箱后须放置在干燥的室内，并有防潮措施，及时送检。

（6）检查运输油罐的密封状况和吸湿器状态以及绝缘油的出厂检验报告。

（7）每批绝缘油到达现场必须有出厂试验记录，每罐必须取样进行简化分析，简化分析合格后方可进行油务处理。取样试验标准按照设备技术规范书有关要求执行。

（8）采用全封闭倒罐滤油处理方法对绝缘油进行精滤，绝缘油经真空滤油机处理后每罐油均取样试验，满足指标要求。

1.2.3 本体就位

（1）设备检查就位后拆下不同安装方向的三维冲撞记录仪，确认、记录最大冲击值并办理签证，记录仪数值满足相关要求，留存原始记录。

（2）检查充干燥空气运输的主体变（高抗）油箱箱盖、钟罩法兰及封板的螺栓齐全，紧固良好，并现场办理交接签证、移交压力监视记录。

（3）检查油箱整体外观，油漆完好、无锈蚀、损伤等。

（4）检查本体端子箱内部元件，无受潮、损坏，二次接线完好。

（5）保管期间将主体变（高抗）本体专用接地点与接地网可靠连接。

1.2.4 冷却装置安装

（1）必须按照制造厂装配图进行安装。

（2）先安装冷却器支架和器身本体管路，安装过程中不允许扳动或打开主体变（高抗）油箱的任一阀门，防止露空。油路管道之间须加装接地跨线。

（3）利用冷却器上的专用吊环由远及近依次安装，安装过程中保持平衡。

（4）起吊前检查接口阀门密封性和开启位置。管路中的阀门应操作灵活，开闭位置正确；阀门、法兰连接处应密封良好。

（5）检查油泵密封是否有渗油或进气现象；通电后，检查转向是否正确，有无异常噪声、振动或过热现象。

（6）密封面清洁、密封圈更换、螺栓紧固力矩的施工方法符合产品技术文件要求。

1.2.5 储油柜安装

（1）储油柜在地面安装的部件全部安装完毕后，将其安装在储油柜支架上。再安装储油柜的排气管、注（放）油管、阀门等附件。

（2）拆开储油柜油位计封盖，安装浮漂摆杆，安装油位计与伞齿，啮合良好无卡阻。

（3）真空注油后，安装吸湿器联管，联管下端安装吸湿器。拆除吸湿器中的运输密封圈，玻璃筒中加装吸湿剂，油封盒内加变压器油，油位在最低和最高限位之间。

1.2.6 器身检查

（1）器身四周设置封闭式防尘围挡，临时开孔处，采取防尘遮盖措施。高压套管、高压升高座等大型附件安装采取套袖式防尘棚进行防护。

（2）露空后，将铁心、夹件引线引出并完成接地套管安装，测量铁心、夹件绝缘电阻，取残油化验后应满足设备技术规范书要求。

（3）器身检查前，在内检人孔处设立防尘棚及过渡间。制造厂人员着专用服装进入主体变（高抗）内部进行器身检查。将本体下部注油口的阀门连接干燥空气发生器，用露点低于 $-40℃$ 的干燥空气充入本体内，补充干燥空气速率符合产品技术文件要求。在内检过程中向箱体内持续注入干燥空气，保持内部含氧量不低于 18%，油箱内空气相对湿度不大于 20%。

1.2.7 高压出线装置及升高座安装

（1）装有电流互感器的升高座安装前，应完成电流互感器的交接试验。

（2）用真空滤油机将充油运输的高压出线装置、升高座内部的油排入专用储油罐内。

（3）高压出线装置起吊过程采用吊绳与链条葫芦配合的四点悬吊方式。

（4）安装高压出线装置下部支撑架，检查出线装置内洁净度，用塑料布围裹防护。利用专用作业平台，由制造厂技术人员完成高压引线连接，将出线装置无阻力与箱体法兰对接，完成升高座法兰与出线装置的连接。

（5）打开升高座上法兰封盖后立即覆盖塑料薄膜防尘，并特别注意防止异物落入油箱。

1.2.8　套管安装

（1）按照套管编号及"先低压，后高压"的吊装顺序安装套管。

（2）吊装前使用纯棉白布擦拭套管表面及连接部位。

（3）吊装中、低压及中性点套管，套管在移至电流互感器升高座上方时，注意调整套管底部与电流互感器法兰周边的间隙，缓慢放下套管，将电流互感器升高座中的引线与套管底部接线端子连接，并将引线上的均压球上推挤紧在套管底部。

（4）采用两台吊车与制造厂提供的专用工装及方法进行高压套管安装。应力锥进入均压罩内的角度和深度符合制造厂要求，将套管法兰与电流互感器上部法兰用螺栓紧固，套管油位表朝向巡视通道。安装完成后，检查并确认套管补偿油箱阀门处于打开状态。

（5）套管顶部的密封垫应安装正确，限位销插入可靠，密封良好，引线连接可靠。末屏接地可靠、密封良好。

（6）在均压环底部最低处打不大于 $\phi 8mm$ 排水孔。

1.2.9　气体继电器安装

（1）气体继电器水平安装，顶盖上箭头标志指向储油柜，连接密封良好，使观察窗的挡板处于打开位置。通向气体继电器的管道有 1%～1.5% 的坡度。

（2）检查集气盒内是否充满绝缘油。

1.2.10　压力释放阀、测温装置安装

（1）油箱顶盖上的温度计座内注入绝缘油，密封应良好，无渗油；闲置的温度计座密应封严密。

（2）膨胀式信号温度计的细金属软管不得压扁和急剧扭曲，固定可靠，工艺美观。

（3）压力释放阀泄油管安装位置应低于设备基础并设置防小动物格栅。

1.2.11　抽真空处理

（1）选用直径≥50mm 真空连接管道，连接长度不宜超过 20m，连接管道较长时应增加管道直径。将真空管路装于油箱顶部专用蝶阀处。本体抽真空前，先对抽真空系统（包括抽真空设备、管路）进行检查，抽真空至 10Pa 以下，确保抽真空系统中无泄漏点。

（2）检查所有附件安装及器身打开过的密封板，确认密封圈安装正确、所有密封面上的螺栓已紧固。打开本体与冷却系统之间的所有连通阀门，冷却系统和本体一起进行抽真空。利用三通接头对油箱和储油柜同时抽真空。打开胶囊内外连通阀门，确保胶囊内外同时抽真空。

（3）抽真空时，监视并记录油箱的变形，其最大值不得超过油箱壁厚的 2 倍。

1.2.12　真空注油和热油循环

（1）为确保真空注油、热油循环工艺质量，当环境温度全天平均低于 10℃时，安装主体变（高抗），应对油箱、油罐、油管、储油柜、冷却装置等采取保温措施。保温措施可采取覆盖棉被、安装保温棚、配置低频加热装置等。

（2）真空注油时，从下部油阀进油；注油全过程应持续抽真空，真空残压应≤20Pa，注入油的油温宜高于器身温度，滤油机出口油温应在 55～65℃，注油速度不宜大于 6000L/h，真空注油全过程中，真空滤油机进、出油管不得在露空状态切换。

（3）当绝缘油油面达到距箱顶 200～300mm 高度时，关闭油箱盖真空阀门，注油速度调整为 2000L/h，继续真空注油至正常油位，停止注油。

（4）关闭胶囊内外连通阀门、抽真空管道阀门，拆除真空管道；慢开储油柜抽真空阀门，使胶囊展开。

（5）注油结束后，对主体变（高抗）所有组件、附件及管路上的所有放气塞放气，完毕后，利用储油柜注（放）油阀调整本体变（高抗）油位。

（6）注油完毕后，安装吸湿器和气体继电器，对主体变（高抗）进行热油循环。

（7）对本体及冷却器同时进行热油循环，如环境温度较低，可只开启一组冷却器的阀门并每隔 4h 切换一次。

（8）热油循环时，油温、油速及热油循环时间按照产品技术文件要求进行。热油循环不应小于总油量的 3 倍，热油循环持续时间不应小于 48h。当主体变（高抗）出口油温达 55±5℃热油循环开始计时。

（9）热油循环结束后，静置 48h 后开启主体变（高抗）所有组件、附件及管路的放气阀多次排气，当有油溢出时，立即关闭放气阀。

1.2.13 整体密封试验和静置

（1）整体密封试验前，对油箱顶部的压力释放阀采用人为干预的方式防止压力释放装置动作。试验结束后，将压力释放阀恢复至运行前工作状态。

（2）利用储油柜吸湿器管路向胶囊袋内缓慢充入合格的干燥空气，加压力至 0.03MPa，持续时间 24h，主体变（高抗）无渗漏现象。

（3）回装储油柜吸湿器，并按照吸湿器使用说明书更换吸湿剂。

（4）热油循环停机后开始静置计时，静置时间不应少于 120h。静置期间从放气塞放气，直至残余气体排尽。

（5）所有装在主体变（高抗）外表面的组件及附件、铭牌等都应紧固牢靠，以避免造成不应有的噪声、振动增大。

1.2.14 电缆敷设及二次接线

（1）就地控制柜、风冷控制箱的底座与基础接触紧密，安装牢固，接地良好。

（2）就地控制柜、风冷控制箱可开启门用软铜绞线与本体可靠连接。

（3）就地控制柜、风冷控制箱内接地铜排与等电位接地网可靠连接。

（4）二次电缆的屏蔽层采用截面面积不小于 $4mm^2$ 的多股铜质软导线可靠单端连接至等电位接地网的铜排上，本体上的二次电缆的屏蔽层不接地。电缆进入盘、柜后，将钢带切断，切断处扎紧，钢带在盘、柜侧一点接地。

（5）控制柜入口电缆 1.5m 处均匀涂刷防火涂料，涂刷厚度为 1mm。

（6）按照设计图纸和产品图纸进行二次接线，核对设计图纸、产品图纸与实际装置是否符合。

1.2.15 交接试验

主体变压器交接试验项目：

（1）密封试验。

（2）绕组连同套管的直流电阻测量。

（3）绕组电压比测量。

（4）引出线的极性检查。

（5）绕组连同套管的绝缘电阻、吸收比和极化指数的测量。

（6）绕组连同套管的介质损耗因数 $\tan\theta$ 和电容量测量。

（7）铁心及夹件的绝缘电阻测量。

（8）低电压空载试验。

（9）绕组连同套管的外施工频耐压试验。

（10）绕组连同套管的长时感应电压试验带局部放电测量。

（11）绕组频率响应特性测量。

（12）小电流下的短路阻抗测量。

主体变与调补变连接后，交接试验项目：

（1）绕组所有分接头的电压比测量。

（2）引出线的极性和联接组别检查。

（3）额定电压下的冲击合闸试验。

（4）声级测量。

高抗交接试验项目：

（1）绕组连同套管的直流电阻测量。

（2）绕组连同套管的绝缘电阻、吸收比和极化指数测量。

（3）绕组连同套管的介质损耗因数 $\tan\theta$ 和电容量测量。

（4）铁心及夹件的绝缘电阻测量。

（5）绕组连同套管的外施工频耐压试验。

（6）额定电压下的冲击合闸试验。

（7）声级测量。

（8）油箱的振动测量。

（9）油箱表面的温度分布及引线接头的温度测量。

1.3 图 片 示 例

成果图片见图 1-1～图 1-8。

图 1-1 封闭滤油场布置

图 1-2 基础复测

图 1-3 冷却装置安装

图 1-4 高压出线装置安装

图 1-5 低压套管安装

图 1-6 高压套管安装

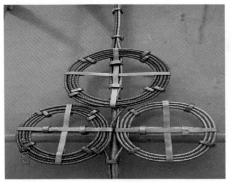

图1-7　温控线安装

图1-8　主体变压器整体

1.4 工 艺 效 果

（1）本体、散热器及所有附件应无缺陷，外观良好，无渗漏油现象；油漆完整，相序标识正确；油箱顶盖无异物；套管伞裙清洁。

（2）本体及附件接地正确、牢固、接触可靠。

（3）储油柜、套管等油位表指示清晰、准确；各温度表的指示差别在测量误差范围内。

（4）储油柜和充油套管油位正常；储油柜和吸湿器的油位正常，硅胶颜色正常。

（5）散热片编号、管道标识油流方向清楚。

（6）气体继电器防雨罩，防雨、防潮效果良好，本体电缆防护良好。

（7）油漆完整，相色标识正确。

2 1000kV 调压补偿变压器安装

工艺编号：T-JL-BD-02-2018
编写单位：河北省送变电有限公司
审查单位：国家电网公司交流建设分公司

2.1 工 艺 标 准

2.1.1 安装区域条件

（1）施工场地布置合理，规避与其他作业面的交叉作业。
（2）油务系统、电源系统应满足安装要求。
（3）基础（预埋件）中心位移、水平度误差应符合设计要求。
（4）基础预埋件及预留孔应符合设计要求，预埋件安装牢固。

2.1.2 开箱检查

（1）充干燥空气的运输单元或部件，预压力值应在 0.01～0.03MPa。制造厂家有特殊要求时，按制造厂要求执行。
（2）到场附件无变形损伤，产品技术资料齐全。
（3）到场绝缘油技术指标应符合设备技术规范书要求。

2.1.3 本体就位

（1）本体中心位移，应符合制造厂技术文件要求。
（2）调压变压器就位后冲击记录装置无异常,三维冲击加速度值均不大于3g。
（3）充干燥空气运输的调压变压器,气体压力无异常,压力值范围为0.01～0.03MPa。安装前每日进行压力检查,且记录齐全。

2.1.4 冷却装置安装

（1）冷却器外观完好无锈蚀，无碰撞变形，法兰面平整，密封完好。

（2）支座法兰面平行、密封垫居中不偏心受压。

（3）外接管路内壁清洁，流向标识正确。

（4）阀门操作灵活、密封良好，开闭位置正确。

2.1.5 储油柜安装

（1）储油柜表面应无碰撞变形、无锈蚀、漆层完好，内壁光滑、清洁、无毛刺。

（2）储油柜胶囊密性良好，无泄漏。排气塞、油位表指示器摆杆绞扣清洁、无缺陷。

（3）油位表动作应灵活，指示应与储油柜的真实油位相符，油位表的信号接点位置应正确，绝缘应良好。

（4）吸湿器油位正常，应处于最低油面线和最高油面线之间，吸湿剂颜色正常。

2.1.6 器身检查

（1）器身检查主要项目及检查结果内容应符合 GB 50835—2013《1000kV 电力变压器、油浸电抗器、互感器施工及验收规范》的规定。

（2）铁心、夹件绝缘电阻及残油指标应符合规范和产品技术文件要求；器身内部检查由制造厂负责。

2.1.7 套管电流互感器升高座安装

（1）应按制造厂对装标识进行安装。

（2）升高座表面应无碰撞变形、锈蚀，漆层完好。

（3）套管式电流互感器安装前试验结果符合 GB/T 50832—2013《1000kV 系统电气装置安装工程电气设备交接试验标准》的规定。

2.1.8 套管安装

（1）套管表面无裂缝、伤痕，瓷釉无剥落，瓷套与法兰的胶装部位牢固、密实；充油套管无渗油，油位指示正常。

（2）安装位置应正确，油位指示面向外侧。

（3）法兰连接紧密，连接螺栓齐全，紧固。

（4）末屏应完好，接地牢固。

（5）油浸式套管试验结果符合 GB/T 50832—2013 的规定。

2.1.9　调压机构安装

（1）传动机构中的操动机构、传动齿轮和杠杆应固定牢固，连接位置正确，操作灵活，无卡阻现象，传动机构的摩擦部分应涂以适应当地气候条件的润滑脂。

（2）位置指示器动作正常，指示正确。

2.1.10　气体继电器安装

（1）气体继电器检验合格，动作整定值符合定值要求。

（2）气体继电器安装方向正确，密封良好。

（3）集气盒内充满绝缘油，密封良好。

（4）气体继电器应有防雨罩。

2.1.11　压力释放阀和测温装置安装

（1）压力释放阀和温度计安装前应检验合格，温度计信号接点动作正确，导通良好，接地与远传显示符合产品技术文件规定。

（2）温度计应根据设备厂家的规定进行整定，并报运行单位认可。

（3）温度计和压力释放阀应安装防雨罩。

（4）温度计底座应密封良好。

（5）膨胀式信号温度计的细金属软管弯曲半径＞50mm。

（6）压力释放装置安装方向应正确，阀盖和升高座内部应清洁，密封应良好，电接点动作应准确、绝缘应良好，动作压力值应符合产品技术文件要求。

2.1.12　抽真空处理

真空残压和持续抽真空时间应符合产品技术文件要求；当制造厂无要求时，真空度≤133Pa 时开始抽真空计时，持续抽空时间≥24h，满足要求后开始真空注油。

2.1.13　真空注油和热油循环

（1）真空注油时选择晴好天气，不得在雨天和雾天进行。

（2）注油前，设备各接地点及油管必须可靠接地。

（3）热油循环结束的条件应符合产品技术文件要求，当产品技术文件无要求时，应执行 GB 50835—2013 的规定。

（4）真空注油前和热油循环后的绝缘油各项指标应符合 GB/T 50832—2013《1000kV 系统电气装置安装工程电气设备交接试验标准》的规定。

2.1.14　整体密封试验和静置

（1）整体密封试验期间调压变压器密封良好，无渗油。

（2）密封试验和静置时间制造厂有特殊规定的应按制造厂要求执行。

2.1.15　电缆敷设及二次接线

（1）电缆敷设应排列整齐、美观、无交叉。

（2）二次接线应排列整齐、工艺美观、接线正确。

（3）电缆的屏蔽层接地方式应满足设计和规范要求。

（4）电缆防火封堵应符合设计图纸要求。

（5）电流互感器二次备用绕组端子应在本体端子箱处短接接地。

（6）电缆引线接入气体继电器处应有滴水弯。

（7）调压变压器二次设备安装及二次接线符合 GB 50171—2012《电气装置安装工程盘、柜及二次回路结线施工及验收规范》的规定。

（8）二次回路的电源回路送电前，应检查绝缘，其绝缘电阻值不应小于1MΩ，潮湿地区不应小于 0.5MΩ。

2.1.16　交接试验

试验结果应满足 GB/T 50832—2013 的规定。

2.2　施　工　要　点

2.2.1　安装区域条件

（1）调压变压器区域内上层两侧软母线架设完成，调压变压器区域土建转电气安装完毕，具备安装条件。

（2）附件存放场地应已硬化、平整、无积水。

（3）施工平面布置应符合现场安全文明施工要求。

（4）真空泵、干燥空气发生器、真空滤油机等机械设备试运转正常，接地良好。

（5）安装场地应设置专用电源箱，负荷经计算满足施工用电需求，确保滤油和安装作业用电需求不间断。

（6）滤油场应全封闭管理，周围应布置围挡，地面应硬化处理，并配置相应消防措施。

（7）滤油场的油罐数量应满足施工要求，总容积应大于单台最大设备容积的120%。

（8）油罐就位后应清洗干净，吸湿器装入吸潮剂，并做好防止雨水、潮气侵入的措施，接地良好。油罐之间封闭连接管路放入保护槽盒内，进出油阀门和取油口下方设置不锈钢托盘，防止绝缘油渗漏污染。

（9）基础划线由土建施工单位根据施工图纸放点，并使用激光定位仪和卷尺进行点位检查，确认点位均准确无误后，使用墨斗划出调压变压器基础中心线。

2.2.2　设备开箱检查

（1）按照技术协议、装箱清单核查出厂技术文件、附件、备品备件、专用工具是否齐全（调压变压器型号、尺寸、外观需在本体就位前进行）。

（2）检查冷却器、套管电流互感器等附件外观检查应完好无损，储油柜表面应无变形、锈蚀，漆层应完好。

（3）检查充油套管的油位应正常，无渗油，瓷体无损伤。

（4）充干燥空气的运输单元或部件到场后应检查预充压力。

（5）仪器、仪表及带电器元件的组件，开箱后须放置在干燥的室内，并有防潮措施，及时送检试验。

（6）检查运输油罐的密封状况和吸湿器状态，并检查绝缘油的出厂检验报告。

（7）每批绝缘油到达现场必须有出厂试验记录，每罐必须取样进行简化分析，简化分析合格后方可进行油务处理工作。取样试验标准按照设备技术协议有关要求执行。

（8）采用全封闭倒罐滤油处理方法对绝缘油进行精滤，绝缘油经真空滤油机处理后每罐油均取样试验，满足指标要求。

2.2.3　本体就位

（1）设备检查就位后拆下不同安装方向的三维冲撞记录仪，确认、记录最大冲击加速度值并办理签证，记录仪数值满足要求，留存原始记录。

（2）检查充干燥空气运输的调压变压器油箱箱盖、钟罩法兰及封板的螺栓是否齐全，紧固是否良好，并现场办理交接签证、移交压力监视记录。

（3）检查油箱整体外观，油漆是否完好，有无锈蚀、损伤等。

（4）检查本体端子箱内部元件，有无受潮、损坏，二次接线是否完好。

（5）保管期间将调压变压器本体专用接地点与接地网可靠连接。

2.2.4　冷却装置安装

（1）必须严格按照制造厂装配图进行安装。

（2）先安装冷却器支架和器身本体管路，安装过程中不允许扳动或打开调压变压器油箱的任一阀门或密封板，防止露空。油路管道之间须加装接地跨线。

（3）利用冷却器上的专用吊环由远及近依次安装冷却器，安装过程中保持平衡。

（4）起吊前检查接口阀门密封、开启位置。管路中的阀门操作灵活，开闭位置正确；观察阀门、法兰连接处密封是否渗油。

（5）检查油泵密封是否有渗油或进气现象；通电后，检查转向是否正确，有无异常噪声、振动过热现象。

（6）密封面清洁、密封圈更换、螺栓紧固力矩的施工方法应符合产品技术文件要求。

2.2.5　储油柜安装

（1）储油柜在地面安装的部件全部安装完毕后，将其安装在储油柜支架上。再安装储油柜的排气管、注（放）油管、阀门等附件。

（2）拆开储油柜油位计封盖安装浮漂摆杆，安装油位计与伞齿，啮合良好无卡阻。

（3）真空注油后，安装吸湿器联管，联管下端安装吸湿器。拆除吸湿器中的运输密封圈，玻璃筒中加装吸湿器，油封盒内加变压器油，油位应在最低和最高限位之间。

2.2.6 **器身检查**

（1）天气符合要求，凡雨、雪、风（4级以上）和相对湿度在75%以上的天气均不得进行器身检查。

（2）露空后，将铁心、夹件引线引出并完成接地套管安装，测量铁心、夹件绝缘电阻，取残油化验后满足设备技术规范书要求。

（3）器身检查前，在人孔处安装过渡防尘棚，制造厂人员应着专用服装进入调压变压器内部进行器身检查。将本体下部注油口的阀门连接干燥空气发生器，用露点低于−40℃的干燥空气充入本体内，补充干燥空气速率应符合产品技术文件要求。在内检过程中必须向箱体内持续注入干燥空气，保持内部含氧量不低于18%，油箱内空气的相对湿度不大于20%。

2.2.7 **电流互感器升高座安装**

（1）电流互感器的升高座安装前，完成电流互感器的交接试验。用真空滤油机将升高座内部的油排入专用储油罐内。

（2）打开升高座上法兰封盖后立即覆盖塑料薄膜防尘，并特别注意防止异物落入油箱。

（3）电流互感器铭牌应面向油箱外侧，放气塞位置在最高处。

（4）绝缘筒安装牢固，不能使引出线与之相碰。

2.2.8 **套管安装**

（1）按照套管编号"先里，后外"的吊装顺序安装套管。

（2）吊装前使用纯棉白布擦拭套管表面及连接部位。

（3）吊装套管时，套管在移至电流互感器升高座上方时，注意调整套管底部与电流互感器法兰周边的间隙，缓慢放下套管，将电流互感器升高座中的引线与套管底部接线端子连接，并将引线上的均压球上推拧紧在套管底部。

（4）对于穿缆式套管，将一端带有螺栓环的穿芯绳从套管顶部穿入，用螺栓拧入引线头部螺孔中，将套管落入升高座，并把引线从套管中拉出，套管固定好后将引线头用穿芯轴销固定。

（5）套管顶部结构的密封垫应安装正确，限位销插入可靠，密封良好，引线连接可靠。末屏接地可靠及密封良好。

2.2.9　调压切换装置检查

（1）按照产品技术文件要求对调压切换装置的接触和连接进行检查。

（2）手动操作一周，从最大分接到最小分接，再回到最大分接，检查开关转动部件的灵活性。

（3）用变比法测试开关指示的分接位置是否正确。

（4）测试开关在各分接位置处的线圈直流电阻，并与出厂值比较（换算到同一温度）。

2.2.10　气体继电器安装

（1）气体继电器水平安装，顶盖上箭头标志指向储油柜，连接密封良好，将观察窗的挡板处于打开位置。通向气体继电器的管道有 1%～1.5% 的坡度。

（2）检查集气盒内是否充满绝缘油。

2.2.11　压力释放阀和测温装置安装

（1）油箱顶盖上的温度计座内应注入绝缘油，密封应良好，无渗油；闲置的温度计座应密封严密。

（2）膨胀式信号温度计的细金属软管不得压扁和急剧扭曲，应固定可靠，工艺美观。

（3）压力释放阀泄油管安装位置低于设备基础并设置防小动物格栅。

2.2.12　抽真空处理

（1）选用直径≥50mm 真空连接管道，连接长度不宜超过 20m，连接管道较长时应增加管道直径。将真空管路装于油箱顶部专用蝶阀处。本体抽真空前，先对抽真空系统（包括抽真空设备、管路）进行检查，抽真空至 10Pa 以下，确保抽真空系统中无泄漏点。

（2）检查所有附件安装及器身打开过的密封板，确认密封圈安装正确、所有密封面上的螺栓已紧固。打开本体与冷却系统之间的所有连通阀门，冷却系统和本体一起进行抽真空。利用三通接头对油箱和储油柜同时抽真空。打开胶囊内外连通阀门，确保胶囊内外同时抽真空。

（3）抽真空时，监视并记录油箱的变形，其最大值不得超过油箱壁厚的 2 倍。

2.2.13 真空注油和热油循环

（1）为确保真空注油、热油循环工艺质量，当环境温度全天平均低于 10℃时，安装调压变压器，应对油箱、油罐、油管、储油柜、冷却装置等采取保温措施。保温措施可采取覆盖棉被、安装保温棚、配置低频加热装置等。

（2）真空注油时，从下部油阀进油；注油全过程应持续抽真空，真空残压应≤133Pa，注入油的油温宜高于器身温度，滤油机出口油温应在 55～65℃，注油速度不宜大于 6000L/h，真空注油全过程中，真空滤油机进、出油管不得在露空状态切换。

（3）当绝缘油油面达到距箱顶 200～300mm 高度时，关闭油箱盖真空阀门，注油速度调整为 2000L/h，继续真空注油至正常油位，停止注油。

（4）关闭胶囊内外连通阀门、抽真空管道阀门，拆除真空管道；慢开储油柜抽真空阀门，使胶囊展开。

（5）注油结束后，对调压变压器所有组件、附件及管路上的所有放气塞放气，完毕后，利用储油柜注（放）油阀调整调压变压器油位。

（6）注油完毕后，安装吸湿器和气体继电器，对调压变压器进行热油循环。

（7）对本体及冷却器同时进行热油循环，如环境温度较低，可只开启一组冷却器的阀门，并每隔 4h 切换一次。

（8）热油循环时，油温、油速及热油循环时间按照产品技术文件要求进行。当调压变压器出口油温达 55±5℃热油循环开始计时。

（9）热油循环结束后，静置 48h 后开启调压变压器所有组件、附件及管路的放气阀多次排气，当有油溢出时，立即关闭放气阀。

2.2.14 整体密封试验和静置

（1）整体密封试验前，对油箱顶部的压力释放阀采用人为干预的方式防止压力释放装置动作。试验结束后，将压力释放阀恢复至运行前工作状态。

（2）利用储油柜吸湿器管路向胶囊袋内缓慢充入合格的干燥空气，加压力至 0.03MPa，持续时间 24h，调压变压器无渗漏现象。

（3）回装储油柜吸湿器，并按照吸湿器使用说明书更换吸湿剂。

（4）热油循环停机后开始静置计时，静置时间不应少于 120h。静置期间从放气塞放气，直至残余气体排尽。

（5）所有装在调压变压器外表面的组件及附件、铭牌等都应紧固牢靠，以避免造成不应有的噪声、振动增大。

2.2.15　二次施工

（1）就地控制柜、风冷控制箱的底座应与基础接触紧密，安装牢固，接地良好。

（2）就地控制柜、风冷控制箱可开启门用软铜绞线与本体可靠连接。

（3）就地控制柜、风冷控制箱内接地铜排与等电位接地网可靠连接。

（4）二次电缆的屏蔽层采用截面面积不小于 $4mm^2$ 的多股铜质软导线可靠单端连接至等电位接地网的铜排上，本体上的二次电缆的屏蔽层不接地。电缆进入盘、柜后，将钢带切断，切断处扎紧，钢带在盘、柜侧一点接地。

（5）控制柜入口电缆 1.5m 处均匀涂刷防火涂料，涂刷厚度 1mm。

（6）按照设计图纸和产品图纸进行二次接线，核对设计图纸、产品图纸与实际装置是否符合。

2.2.16　交接试验

（1）绕组连同套管的直流电阻测量。

（2）绕组电压比测量。

（3）引出线的极性检查。

（4）绕组连同套管的绝缘电阻、吸收比和极化指数的测量。

（5）绕组连同套管的介质损耗因数 $\tan\theta$ 和电容量测量。

（6）铁心及夹件的绝缘电阻测量。

（7）低电压空载试验。

（8）绕组连同套管的外施工频耐压试验。

（9）绕组连同套管的长时感应电压试验带局部放电测量。

（10）绕组频率响应特性测量。

（11）小电流下的短路阻抗测量。

2.3　图　片　示　例

成果图片见图 2-1～图 2-6。

图2-1　就位检查

图2-2　冷却装置安装

图2-3　储油柜安装

图2-4　升高座安装

图2-5　套管安装

图2-6　密封试验

2.4 工 艺 效 果

（1）本体、散热器及所有附件应无缺陷，外观良好，无渗漏油现象；油漆完整，相序标识正确；油箱顶盖无异物；套管伞裙清洁。

（2）本体及附件应接地正确、牢固、接触可靠。

（3）分接开关应操作灵活、分接位置应指示正确。

（4）储油柜、套管等油位表应指示清晰、准确；各温度表的指示差别应在测量误差范围内。

（5）储油柜和充油套管油位正常；储油柜和吸湿器的油位正常，硅胶颜色正常。

（6）散热片编号、管道标识油流方向清楚。

（7）气体继电器防雨罩，防雨、防潮效果良好，本体电缆防护良好。

（8）油漆完整，相色标识正确。

3 1000kV 主体变压器和调压补偿变压器隔振装置安装

工艺编号：T－JL－BD－03－2018
编写单位：河北省送变电有限公司
审查单位：国家电网公司交流建设分公司

3.1 工 艺 标 准

3.1.1 基础复测

（1）基础强度符合安装要求，基础表面清洁干净。

（2）基础轴线位移、支承面标高偏差、上表面平整度符合设计及产品技术文件要求。

（3）预埋件中心位移、高度误差符合设计要求。

3.1.2 隔振器和限位器安装

（1）隔振支座、预埋块中心线齐全、清晰。

（2）隔振支座表面清洁、无油污、破损等。

（3）隔振器和限位器高差±3mm，预留螺栓孔位置±1mm。

（4）隔振器安装方向一致，铭牌朝向易于观察侧。

3.1.3 隔振框架安装

（1）隔振框架和隔振器之间的间隙符合制造厂要求。

（2）与高度调节垫板之间位置的间隙＜1mm。

（3）防腐涂层均匀、光洁、无漏刷现象。

3.2 施 工 要 点

3.2.1 基础复测

（1）核查基础强度试验报告。

（2）依据施工设计图，采用卷尺复测基础尺寸和接地块的位置，记录测量数据。

（3）采用经纬仪和尺复测基础水平高度并记录。

3.2.2 隔振器和限位器安装

（1）检查设备型号符合设计；隔振器和限位器外表铭牌、合格证、标识应齐全；产品检验报告和安装图纸齐全。

（2）复测预埋钢板位置正确，尺寸是否符合设计要求。

（3）复测隔振器顶面的水平度，隔振器中心的平面位置和标高。

（4）观测隔振器的竖向变形并做好记录。

3.2.3 隔振框架安装

（1）吊装框架到相应位置，复测隔振框架、限位器、隔振框架等处连接螺栓紧固力矩值是否符合产品技术文件要求。

（2）安装好隔振框架后，隔振框架和隔振器之间的间隙在 5mm 以内的可适当用高度调节垫板填充。

（3）所有配件组装完成后，不得露出预埋件边，且连接牢固。

3.3 图 片 示 例

成果图片见图 3-1～图 3-6。

图 3－1　基础复测

图 3－2　隔振器和限位器安装

图 3－3　隔振器和限位器安装效果

图 3－4　隔振框架安装

图 3－5　隔振框架安装完毕

图 3－6　复测隔振框架标高

3.4　工　艺　效　果

（1）隔振装置应表面完整、漆层不脱落、无缺陷。

（2）隔振装置所有配件，不露预埋板板边，连接牢固。

（3）隔振装置所有连接螺栓紧固，力矩值符合制造厂和规范要求。

（4）预埋件及隔振层部件施工安装记录、隔振结构全过程隔振器竖向变形观测记录齐全。

1000kV GIS 设备安装

工艺编号：T‑JL‑BD‑04‑2018

编写单位：国网山西送变电工程有限公司

审查单位：国家电网公司交流建设分公司

4.1 工 艺 标 准

4.1.1 基础复测及划线

（1）基础标高误差、基础尺寸及移动式车间轨道应符合产品技术文件要求。

（2）断路器 x、y 轴线误差≤5mm，预埋件表面标高误差为相邻埋件≤2mm、全部埋件≤5mm。

（3）基础预埋件、接地埋件、预留孔洞、电缆沟位置应符合设计要求。

4.1.2 设备开箱检查及保管

（1）设备包装完好、无破损；设备表面清洁；设备及零部件、专业工器具等符合装箱清单、技术规范书的数量、质量要求。

（2）装有三维运输冲击记录仪的单元，冲击记录值应不大于 $3g$ 或满足产品技术文件要求。

（3）充气运输单元，充气压力应符合产品技术文件要求。

（4）GIS 应按原包装放置于平整、无积水、无腐蚀性气体的场地，断路器单元宜直接放置于基础上。对有防雨要求的设备应有相应防雨措施，对于有防潮要求的附件及专用材料等应置于干燥的室内。

4.1.3 安装环境条件

（1）设备安装作业区周边 10m 范围内的地面采取防尘措施，移动式车间周边 20m 范围内无造成扬尘的作业，不能使用移动式车间进行的设备对接安装作业，应配置专用移动防尘棚或小型化移动式防尘室。

（2）移动式车间内或移动防尘棚内空气洁净度达到九级，温度控制范围应符合产品技术文件要求，相对湿度小于 70%，光照度管理值不低于 300lx，并保持微正压。

（3）移动式车间验收合格、起重行车检验合格，满足设备安装要求。

4.1.4　设备单元对接安装

（1）对接单元轴线与基础轴线中心的控制偏差应符合产品技术文件要求。

（2）盆式绝缘子、法兰面及密封槽表面应光滑平整、无受潮、无毛刺、无损伤；新密封垫无损伤、材质满足标准要求。

（3）导体连接部件镀银状态良好，表面光滑、无脱落。

（4）连接插件的触头中心应对准插口，不得卡阻，导体插入深度应符合产品技术文件要求。

（5）回路电阻测量电流值不应小于 300A，回路电阻值应符合产品技术文件要求。

（6）吸附剂包装无破损、无受潮，吸附剂的更换应符合产品技术文件要求。

（7）套管的吊点选择、吊装方法应按照产品技术说明书进行。套管均压环安装应无划痕、毛刺，安装应牢固、平整、无变形，均压环宜在最低处打不大于 ϕ8mm 排水孔。

（8）螺栓紧固力矩值应满足产品技术文件要求。

4.1.5　附件安装

（1）基座、支架的安装应符合设计和产品技术文件要求。螺栓连接和紧固应对称均匀用力，其力矩值应符合产品技术文件的要求。

（2）SF_6 密度继电器安装前应校验合格。气体管道的现场加工工艺、弯曲半径及支架布置符合产品技术文件要求。

（3）伸缩节的安装应符合产品技术文件的要求。

（4）设备筒体固定支撑与地基满焊。焊接满足规范要求。

（5）设备接地连接可靠，标识应清晰。

4.1.6　抽真空及注 SF₆ 气体

（1）充气设备及管路洁净、无水分、无油污；管路连接可靠，无渗漏。应采用带有电磁逆止阀的真空机组进行抽真空，气室内真空度应满足产品技术文件要求。

（2）气瓶充 SF₆ 气体时阀门不宜打开过大，出口压力不宜过高，使压力表指针不抖晃，以缓慢上升为宜，防止液态气体进入气室内。

（3）注气前 SF₆ 全分析、含水量、纯度等试验合格，SF₆ 纯度应不小于 99.9% 或 SF₆ 气体中空气的质量分数小于 0.04%。

（4）充入断路器气室内气体含水量应小于 150μL/L，其他气室含水量小于 250μL/L。

（5）气室密封检查应在充气 24h 后进行，测量设备灵敏度不应低于 $1×10^{-2}$ Pa·cm³/s，每个气室的年泄漏率应小于 0.5%。

4.1.7　断路器及隔离开关调整

（1）断路器操动机构的零部件应齐全，电动机转向应正确；各种接触器、继电器、微动开关、压力开关和辅助开关的动作应准确可靠。

（2）断路器辅助开关接点应转换灵活；分、合闸线圈铁心应动作灵活，无卡阻；控制元件绝缘应良好；辅助开关与机构间的连接应松紧适当。

（3）机构液压油的标号应符合产品的技术规定，油位指示应正常；连接管路应密封良好。

（4）隔离开关和接地开关的操动机构零部件应齐全，所有固定连接部件应紧固，电机转向应正确。

（5）隔离开关和接地开关的安装和调整应符合产品的技术要求。

（6）接地引下线应符合产品要求。

4.1.8　二次施工

（1）电缆敷设排列整齐、美观、无交叉。

（2）二次接线排列整齐、工艺美观、接线正确。

（3）电缆的屏蔽层、铠装层接地方式应满足设计和规范要求。

（4）电缆防火封堵应符合设计图纸要求。

试验按照 GB/T 50832—2013《1000kV 系统电气装置安装工程电气设备交接试验标准》执行。

4.2 施 工 要 点

4.2.1   基础复测及划线

（1）复测基础尺寸、基础标高、预埋件标高及移动式车间轨道位置，做好偏差记录。

（2）在 GIS 设备基础上，以 B 相断路器横向（宽度方向）中心线为 x 轴基准线、纵向（长度方向）中心线为 y 轴基准线，并依次根据设计图纸和基准线画出其他设备的定位线。

（3）复核接地埋件、预留孔洞、电缆沟预留位置，应与设计图纸一致。检查接地埋件导通性是否良好。

4.2.2   设备开箱检查及保管

（1）检查设备包装、设备外观质量；检查附件、备品备件、专用工器具及专用材料的数量和质量。

（2）检查断路器、套管等单元的三维冲撞记录仪记录情况及其他单元振动指示器的指示情况。

（3）按照产品技术文件要求检查充气运输单元的压力值，并做好记录。

（4）设备开箱检查由监理组织、业主、施工单位、设备厂家、物资代表共同参加并确认签证。

（5）设备安装前施工单位与制造厂签订《分工界面责任书》。

4.2.3   安装环境条件

（1）按审定后的《移动式车间安装方案》搭设移动式车间。

（2）采取土工布、防尘网或碎石等防尘措施对安装作业区 10m 范围内的地面进行覆盖。

（3）在安装作业区加装高 2m 硬围挡与外部环境隔离，围挡以内的作业区铺设清洁塑料布或彩条布。

（4）按《1000kV GIS 移动式车间管理规定》对移动式车间的环境条件、相关设施验收。

（5）移动式车间采用独立电源，功率满足车间设计负荷要求，供电需稳定。

（6）配置环境监测系统、远程视频监控及门禁系统分别对环境实时监控、安装过程实时管控。

4.2.4　设备单元对接安装

（1）将基准断路器单元精准就位及固定，其他单元对接安装按照制造厂的编号和规定的程序进行安装。

（2）安装前对套管、SF_6 密度继电器及压力表、互感器进行试验，按照 GB/T 50832—2013 执行。

（3）预充氮气的箱体必须先经排氮，然后充露点低于 -40℃的干燥空气，且必须在检测氧气含量达到 18% 以上时，方可进入。

（4）打开对接单元端盖，清理盆式绝缘子、法兰面、密封槽。检查盆式绝缘子内接等电位线。

（5）检查导体部件镀银质量，测量导体的实际长度，检查导体插入深度，并测量回路电阻均满足产品技术文件要求。

（6）检查新密封圈外观质量，尺寸是否与对接法兰面匹配，清理并更换密封圈。密封脂涂抹不得流入密封圈内侧与 SF_6 气体接触。

（7）将定位销插入对接法兰面螺栓孔，对角紧固法兰连接螺栓，力矩值符合产品技术文件要求，并做好标记。

（8）从点检孔进入，对罐体内部进行检查，再次对导体连接触头位置、屏蔽罩螺栓等进行确认。

（9）拆下盖板上吸附剂罩，设备端口用防尘罩进行防尘保护，更换吸附剂，更换时间应符合产品技术文件要求。

（10）采用吊车及厂家提供的专用工装进行套管的安装；套管均压环最低处打排水孔。

（11）对接完成后根据产品技术文件进行回路电阻整体测试，并与出厂值进行对比。

4.2.5　附件安装

（1）按照制造厂编号和规定对基座、支架、巡视平台、导流排、接地排等进行安装。用洁净布对基座、支架组件等进行清理，紧固螺栓应达到产品技术文件力矩值要求，并做好标记。通过加垫或螺栓调节调整支架表面水平度。

（2）按照气室进行相应 SF_6 密度继电器装配，并加装防雨罩。

（3）气体管路安装前应使用干燥空气吹管清理内部，按照气体配管系统图进行气体管路组装。气体管路连接后用支架进行固定，管路与支架抱箍间应加塑料垫。

（4）检查伸缩节两侧的固定支撑与基础是否固定牢靠，进行伸缩节调节。检查伸缩节调节后的尺寸是否与产品技术文件要求匹配，紧固伸缩节法兰上的锁紧螺母，并做好记录。

（5）设备支撑就位后点焊固定，耐压试验合格后满焊固定。

（6）设备底座、机构箱、爬梯等均应与主接地网可靠接地，并标识清晰，法兰片间跨接应符合规范要求。

（7）所有安装工作结束后，开展全设备补漆及法兰面防水密封处理，并满足产品技术文件要求。

4.2.6　抽真空及注 SF_6 气体

（1）抽真空前检查管路装配是否完好，无漏点。

（2）真空度、真空保持时间、真空泄漏检测等均满足产品技术文件要求。

（3）充气使用减压阀，充气时先关闭减压阀，打开气瓶阀门，再慢慢打开减压阀进行 SF_6 充气。当气候条件较冷的地区应采用组合气瓶与智能加热装置注气。严禁气瓶倒置充气。

（4）抽真空结束，首次充入 SF_6 气体为微正压，同时对相邻气室抽真空，二次充气为额定压力的半压，检查所有密封面，确认无渗漏，再进行含水量测试，合格后再充至额定压力。相邻气室压差应满足产品技术文件要求。

（5）设备安装完毕，充入 SF_6 气体至额定压力 4h 后，抽取该气室气样进行纯度检测，纯度应大于 97%，然后对该气室所有密封面进行包扎，包扎后 24h 进行年漏气率测量，年漏气率小于 0.5%。

（6）检测 SF_6 气体含水量在充气完成并静置 120h 后进行。

4.2.7　断路器及隔离开关调整

（1）检查断路器操动机构的零部件是否齐全，电动机转向是否正确；各种接触器、继电器、微动开关、压力开关和辅助开关的动作准确可靠，接点接触良好，无烧损或锈蚀。

（2）检查断路器分、合闸线圈的铁心动作灵活，无卡阻；控制元件、加热装置的绝缘良好。

（3）检查断路器辅助开关安装有无松动变位，辅助开关接点转换是否灵活可靠。

（4）检查液压机构内液压油的标号是否符合产品的技术规定、液压油洁净有无杂质、油位指示是否正常；连接管路是否密封良好且牢固可靠；液压回路在额定油压时，外观检查应无渗油；机构在慢分、合时，工作缸活塞杆的运动应无卡阻和跳动现象，其行程应符合产品的技术规定；微动开关、接触器的动作应准确可靠，接触应良好。

（5）检查隔离开关和接地开关的操动机构零部件是否齐全，电机转向是否正确。

（6）隔离开关机构的分、合闸指示与设备的实际分、合闸位置应相符。限位装置准确可靠，辅助开关应安装牢固并动作准确，接触良好，有防雨措施。

（7）按照产品技术文件要求进行隔离开关和接地开关传动装置的安装调整；定位螺钉按产品的技术要求调整后，并加以固定。

（8）检查"就地、远方"及"手动、电动"等各种闭锁关系应正确。

（9）检查接地引下线连接是否牢固可靠。

4.2.8　二次施工

（1）就地控制柜采用化学锚栓或预埋螺栓固定，最后进行柜体接地安装。

（2）汇控柜电缆入口处制作异形支架，先敷设本体至汇控柜电缆，再敷设汇控柜至各小室电缆。

（3）本体至汇控柜电缆一端在汇控柜接地，汇控柜至各小室电缆二端均接地，接地线截面采用不小于 $4mm^2$ 的接地线。

（4）汇控柜入口处电缆 1.5m 处均匀涂刷防火涂料，涂刷厚度为 1mm。

（5）按照设计图纸和产品图纸进行二次接线，核对设计图纸、产品图纸与实际装置是否符合。

4.2.9 交接试验

1000kV GIS 交接试验主要包括：SF_6 气体试验、SF_6 气体密度继电器及压力表校验、设备内部各电气元件试验、电流互感器试验、断路器试验、隔离开关试验、接地开关试验、套管试验、电压互感器试验、避雷器试验、控制及辅助回路绝缘试验、设备接地导通试验、主回路绝缘试验（含 GIS 老练试验）等相关试验。

4.3 图 片 示 例

成果图片见图 4-1～图 4-18。

图 4-1 基础复测

图 4-2 基础划线

图 4-3 预埋接地块专用工装

图 4-4 断路器三维冲击记录仪检查

图 4-5　环境监控系统效果展示

图 4-6　GIS 车间外部布置

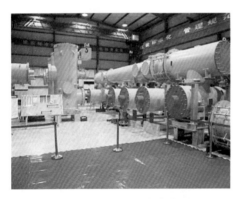

图 4-7　GIS 车间室内布置

图 4-8　断路器就位

图 4-9　断路器调整就位

图 4-10　对接面清洁

图 4-11　移动式车间内作业

图 4-12　防尘棚内作业

图 4-13　气体管路连接

图 4-14　设备支架固定

图 4-15　设备接地

图 4-16　SF_6快速充气/回收车

图 4-17 气室检漏   图 4-18 GIS 安装成品

4.4 工 艺 效 果

（1）1000kV GIS 设备安装良好、气室无渗漏。

（2）设备所有连接螺栓紧固，力矩值符合制造厂和规范要求。

（3）电气连接可靠，接触良好。

（4）传动机构联动正常，分、合闸指示正确，辅助开关及电气闭锁动作正确可靠。

（5）二次电缆排列整齐、美观，二次接线正确。

（6）设备接地良好，各种标识正确、齐全。

（7）交接试验合格，施工安装记录齐全。

5 1000kV 串联电容器补偿装置安装

工艺编号：T－JL－BD－05－2018
编写单位：国网山西送变电工程有限公司
审查单位：国家电网公司交流建设分公司

5.1 工 艺 标 准

5.1.1 施工准备

（1）施工场地应布置合理，平整、夯实，满足双台大型起重机施工作业要求，无交叉作业面。

（2）材料、设备存放场地充足，摆放充分考虑安装顺序。

（3）检查大型起重机械工况是否良好，必要时进行试吊以确认其状态。

（4）基础误差、预埋件、接地线位置应满足设计图纸及产品技术文件的要求。

（5）平台地面组装前应搭设满足平台组装要求的支撑点，支撑点应在同一水平面。

5.1.2 材料、设备保管及开箱检查

（1）所有材料、设备分类整齐存放，存放位置应便于其安装，避免二次搬运。

（2）构件、附件镀锌层完好，无损伤变形及锈蚀。

（3）构件的外形尺寸、螺栓孔及位置、连接件位置应符合设计要求。

（4）高强螺栓同一批次同一规格抽检5副进行试验，应符合相关标准规定。

（5）设备包装应完好、外观无磨损，设备型号、规格应符合设计要求。

（6）设备附件应无损伤、变形、锈蚀、渗油等缺陷。

（7）设备安装前，应进行交接试验，试验项目应齐全，且全部合格。

5.1.3 基础验收

（1）基础施工质量应符合国家现行建筑工程施工及验收规范中的有关规定，并取得合格的验收资料。基础混凝土强度应达到设计要求，回填土夯实完成。

（2）串补装置场地所有基础的标高、尺寸、预埋地脚螺栓的平面位置等应进行面复测。

5.1.4 平台地面组装

（1）平台钢构件镀锌层完好，整体无变形。

（2）螺栓、高强螺栓紧固力矩符合产品技术文件要求。

（3）平台附件安装符合产品技术文件及图纸要求。

（4）平台格栅应固定牢靠，表面平整，设备安装预留孔位置正确；安装完成的格栅间隙≤3mm，格栅表面平面度偏差（1m² 范围内）≤6mm。

（5）平台护栏安装完整，光滑无变形。

5.1.5 平台支柱绝缘子安装

（1）串补装置平台基础上的球节点安装高度应符合设计要求；同一串补装置平台球节点轴线偏差≤5mm，高度偏差≤5mm，相邻球节点高度偏差≤2mm。

（2）支柱绝缘子外观清洁，无裂纹，防污闪涂层完好；底座固定牢靠，受力均匀。

（3）安装完成的支柱绝缘子垂直偏差应≤1‰，且≤10mm；各绝缘子间水平高度误差≤2mm。

（4）绝缘子底部与接地网连接牢固，导通良好；同一串补装置平台斜拉绝缘子底座的轴线偏差≤5mm，水平偏差≤5mm。

5.1.6 平台吊装及调整

（1）平台吊装应平稳，不能造成平台结构变形。

（2）平台就位后，支柱绝缘子受力均匀，平台水平度符合产品技术文件要求。

（3）斜拉绝缘子安装、调整应符合产品技术文件要求。

5.1.7　电容器安装

（1）电容器框架组件平直，长度误差≤2mm/m，连接螺孔应可调。

（2）每层电容器框架水平度误差≤3mm，对角线误差≤5mm。

（3）总体框架水平度误差≤5mm，垂直误差≤5mm，防腐完好。

（4）电容器的配置应使铭牌面向通道一侧，并有顺序编号。

（5）电容器引出端子与导线连接可靠，并且不受额外应力；连接电容器端子的引线应对称一致，整齐美观，母线及分支线应标相色；引出线端螺母、垫圈应齐全。

5.1.8　电流互感器安装

（1）设备外观清洁，铭牌标识完整、清晰，底座固定牢靠，受力均匀；互感器安装垂直偏差≤1.5mm/m。

（2）并列安装的应排列整齐，同一组互感器的极性方向一致。

5.1.9　金属氧化物限压器（MOV）安装

（1）设备安装垂直，瓷套外观完整，无裂纹；防污闪涂层完好。

（2）铭牌应位于易于观察的一侧，标识应完整、清晰。

（3）压力释放口方向一致，且避开其他设备。

5.1.10　阻尼装置安装

（1）阻尼器支柱完整、无裂纹，固定可靠；线圈无变形，绝缘漆完好。

（2）阻尼电抗器、电阻器重量应均匀地分配于所有支柱绝缘子上。

（3）阻尼电抗器、电阻器底座应与平台进行等电位连接。

（4）阻尼电抗器安装螺栓、设备接线螺栓应使用非磁性材质。

5.1.11　火花间隙安装

（1）火花间隙叠装顺序应符合产品技术文件要求；外壳平整、无损伤、无变形。

（2）均压环安装水平，外观光滑无毛刺。

（3）支持绝缘子无裂纹、固定牢靠。

5.2 施 工 要 点

5.2.1 施工准备

（1）利用平台基础两侧空地作为平台的组装场地，使用道木搭设临时支撑点，高度 600mm，支撑点避开主梁搭接、球节点金具、斜拉绝缘子串挂点及吊点。对道木采取包裹措施，避免污染钢构件表面。

（2）采用水平仪对各支撑点抄平，确保各支撑点表面在一水平面。

5.2.2 设备保管及开箱检查

（1）构件、设备到货后会同厂方工作人员共同清点；按照构件、设备安装顺序合理整齐存放；存放场地地面铺设保护措施，避免污染构件。

（2）构件、设备开箱检查时重点检查以下项目：

1）钢构件无弯曲变形、焊缝开裂、漏镀、锌层脱落及锌瘤等缺陷，钢构件型号、规格、数量、尺寸均符合设计要求。

2）球节点的球头、球窝表面光洁，其局部凹凸不平高度偏差≤1.5mm，无明显波纹、锌瘤、锌渣及尖角毛刺。

3）支柱绝缘子等瓷件表面无裂纹、破损、残留斑点等缺陷，法兰与瓷件胶装部位应牢固，无裂纹。

4）斜拉复合绝缘子等复合材料无裂纹、破损、脱胶、漏胶，与端部金具连接牢固。

5）设备及附件、备品备件无损伤、变形、锈蚀、渗油等明显缺陷。

（3）安装用的紧固件采用热浸镀锌制品或不锈钢制品，应包装完好，外观无磨损、裂纹等缺陷，紧固件材质、强度符合设计要求。

5.2.3 基础验收

（1）串补装置平台基础表面几何尺寸满足要求，无蜂窝麻面，强度满足设计、规范要求。

（2）串补装置平台基础中心线与定位轴线位置的允许偏差≤5mm，支柱绝缘子基础顶面标高的允许偏差≤2mm。

（3）每组地脚螺栓中心偏移≤2mm，预埋地脚螺栓水平高度偏差≤2mm。

地脚螺栓露出部分采用热浸镀锌防腐、丝扣完好。

5.2.4 平台地面组装

（1）平台钢构件组装使用尼龙吊带，避免损坏、污染钢构件锌层。

（2）平台钢构件组装使用临时螺栓或专用的穿栓销进行定位，定位完成后再安装高强螺栓。

（3）安装主梁拼接节点及主次梁连接节点时，构件的摩擦面必须保持干燥；高强螺栓初拧、复拧及终拧，按照由螺栓群中央向外逐步拧紧的顺序进行；高强螺栓的紧固在 24h 内完成，完成终拧的高强螺栓进行标记；螺栓紧固力矩满足产品技术文件要求，并符合 GB 50205—2001《钢结构工程施工质量验收规范》的规定。

（4）先安装外端和中间的次梁，测量平台对角线长度并调整到两对角线长度相等，再由两端向中间依次安装其余次梁。

（5）安装过程中分别对主梁上表面、次梁上表面水平度进行多点测量，保证各表面水平。

（6）对照图纸对平台进行复查，在主梁各侧面几何尺寸中心、球节点中心进行标记，用于平台就位时的观测。

（7）串补装置平台格栅、护栏的安装。

1）平台吊装前，完成格栅、护栏的安装。

2）格栅的连接螺栓穿向保持一致，按照由下向上、由外向内的原则安装；格栅与次梁连接的卡具齐全，固定牢靠。

3）平台护栏安装过程中对其表面采取包裹保护的措施，避免损伤其外表面。

5.2.5 支柱绝缘子安装

（1）逐节检查其尺寸，记录并编号，依据每节的尺寸进行配柱。对于厂家已配过对柱的绝缘子，现场进行复测，检验其是否满足安装条件。

（2）支柱绝缘子安装过程中，对绝缘子伞裙采取包裹保护措施。

（3）支柱绝缘子吊装使用专用吊点或吊具，由下至上逐节吊装。

（4）绝缘子吊装过程中在两条轴线方向分别设置经纬仪，对绝缘子垂直度进行观察，并使用绝缘子底部临时固定螺栓对其进行调整。

5.2.6　平台吊装及调整

（1）串补装置平台吊装时采用双起重机（300t汽车吊或250t履带吊）抬吊。

（2）吊索使用钢丝吊索，主梁的吊点绑扎处采取保护措施，避免钢构件镀锌层和钢丝绳损伤，串补装置平台四角挂设控制绳以保证其在吊装过程中的稳定。

（3）平台吊装过程中，两台起重机应步调一致。

（4）平台平移至支柱绝缘子上方200mm时，对球节点与支柱绝缘子对正情况进行观察，确认无异常后，方可下落；使用高空作业车在平台侧面观察，也可使用无线视频系统、无人机辅助观察，避免吊装中的平台下方有人员活动。

（5）对绝缘子表面采取保护措施，避免被划伤；使用高空作业车配合斜拉绝缘子安装工作。

（6）斜拉绝缘子紧固时横向或纵向的一对绝缘子需要同时紧固，防止在紧固过程中，平台及支柱绝缘子发生偏移。预紧完毕后，起重机松开吊点。

（7）同一个平台只可以同时松开支柱绝缘子间的一对斜拉绝缘子进行调整工作；调整完成后，重新测量平台的水平、支柱绝缘子的垂直度，其垂直度偏差小于10mm。

（8）所有调整工作结束后，可以松开支柱绝缘子下部的临时固定螺栓。

5.2.7　电容器安装

（1）安装前检查电容器单元与框架连接是否牢固，防止吊装过程中发生物品坠落；检查每只电容器外观、套管引线端子及与电容器连接结合部位有无渗油现象。

（2）对每台电容器进行电容量试验，如有必要，在厂家指导下对电容量进行配组。

（3）按照电容器框架标示牌上相、塔、层、面的编号，从里到外、从下到上的顺序，依次将电容器吊装到指定位置上，不得随意更换安装位置。安装时保证电容器塔的水平与垂直度。

（4）将电容器支柱绝缘子与底座的连接螺栓紧固至要求力矩值。

（5）管母接线端子与软连接线搭接如需使用铜铝过渡片，注意其铜、铝面的朝向；使用专用工具连接套管软连线，紧固力矩值应符合产品技术文件要求。

（6）调整电容器套管压线位置，确保电容器连接线对称一致、整齐美观，有一定松弛度。

（7）正确安装电容器套管防鸟罩，滴水孔在下方。

5.2.8 电流互感器安装

（1）电流互感器一次接线端子方向符合图纸要求；末屏必须可靠连接平台，导通良好；互感器的本体外壳通过专用等电位线连接平台。

（2）电流互感器固定牢靠，接线正确，二次端子板密封良好。

（3）母线穿心式电流互感器安装过程中，对母线采取防护措施，避免磕碰；母线与电流互感器绝缘护套的最小净空距离≥10mm，等电位线连接可靠。

（4）所有安装螺栓力矩值应符合技术要求。

5.2.9 金属氧化物限压器（MOV）安装

（1）MOV 安装前取下运输时用于保护限压器防爆膜的防护罩，检查防爆膜是否完好、无损。

（2）MOV 支柱绝缘子上法兰盘面处于同一水平面，支柱绝缘子与底座的连接螺栓进行预紧。

（3）安装时依据产品技术文件要求确定 MOV 单元组别，并按出厂编号安装，不得随意调换。

（4）MOV 压力释放口朝向避开人员巡视道路和其他重要设备，每组 MOV 喷口朝向一致。

（5）制作 MOV 引线不应对设备端子造成额外应力。

（6）调整 MOV 垂直偏差≤2mm，将 MOV 支柱绝缘子与底座的连接螺栓紧固至要求力矩值。

5.2.10 阻尼装置安装

（1）调整阻尼装置支柱绝缘子，使其标高误差控制在 3mm 以内。

（2）电抗器和阻尼器其重量均匀地分配于所有支柱绝缘子上；找平时，使用厂家提供的专用垫片，固定牢靠。

（3）按照产品技术文件要求进行安装，上、下电抗器中心线一致，绝缘子顶帽上加放减震垫。

（4）检查电抗器各支架底脚与基础铁接触是否牢固，然后进行固定。

（5）电抗器设备接线端子的方向必须符合图纸要求；电抗器接线端子与母线设有过渡软连接，避免在承受短路电流时所产生的电动力损坏接线端子。

5.2.11　火花间隙安装

（1）分别按照产品技术文件要求组装火花间隙上、下两层。

（2）将火花间隙的外壳吊起，将套管从外壳底部穿入安装，安装完毕后再进行就位。

（3）由厂家专业人员安装火花间隙石墨电极，放电间隙设置必须符合产品技术文件要求；火花间隙的石墨电极极易损坏，在安装过程中应轻拿轻放，避免磕碰。

5.3　图　片　示　例

成果图片见图 5-1～图 5-14。

图 5-1　串补装置平台基础验收

图 5-2　平台主次梁安装

图 5-3　平台护栏安装

图 5-4　平台支柱绝缘子安装

图 5-5　平台吊装

图 5-6　平台斜拉绝缘子安装、调整

图 5-7　安装完成的平台

图 5-8　电容器分层吊装

图 5-9　电容器引联线制作

图 5-10　电容器引联线紧固

图 5-11　阻尼器安装

图 5-12　MOV 安装

图 5-13　火花间隙安装成品

图 5-14　串补安装

5.4　工　艺　效　果

（1）设备安装良好，外观完整无缺损，串补装置的布置与接线正确，保护回路完整。

（2）电容器外壳无凹凸或渗油现象，引出端子连接牢固，垫圈、螺母齐全。

（3）支柱完整无裂纹，斜拉绝缘子阻尼弹簧调整刻度正确。

（4）电抗器线圈无变形、风道无异物，线圈外部的绝缘漆完好。

（5）平台护栏及设备上的屏蔽罩与均压环光滑无毛刺，接地可靠，标识正确，等电位线连接牢固，相色标识明显、规范。

（6）安装记录及调整试验记录齐全。

6 1000kV 电压互感器安装

工艺编号：T-JL-BD-06-2018
编写单位：国网山西送变电工程有限公司
审查单位：国家电网公司交流建设分公司

6.1 工 艺 标 准

6.1.1 施工准备

（1）施工场地布置合理，满足起重机械的作业要求。

（2）设备基础误差、预埋件、预留孔、接地线位置应满足设计图纸及产品技术文件的要求。

（3）设备支架应稳固，杆顶水平度、垂直度满足规范要求。

6.1.2 设备开箱检查及现场保管

（1）设备包装应完好、无破损；设备密封良好；铭牌标识应完整、清晰；附件应齐全、无锈蚀、无机械损伤，产品技术文件应齐全。

（2）二次接线盒密封良好，引线端子应连接牢固，绝缘良好，标志清晰。

（3）油位指示器、瓷套法兰连接处以及放油阀应无渗漏。

（4）设备应保持直立存放，场地应平整坚实，防止受潮、倾倒或遭受机械损伤。

6.1.3 电磁装置及电容分压器安装

（1）电磁装置安装正确，符合产品技术文件要求。

（2）电容分压器应根据产品成套供应的组件编号进行组装，不得互换。各组件连接处的接触面应除去氧化层，并涂以适合当地气候条件的电力复合脂。

（3）电容分压器单元安装垂直度应符合规范及产品技术文件要求，并列互感器三相中心线应在同一直线上。

（4）电容分压器的吊点选择、吊装方法应按照产品技术文件要求进行。

（5）具有保护间隙的互感器应按照产品技术文件规定调好距离。

（6）设备接地应满足规范要求，工艺美观。

6.1.4 均压环安装

（1）均压环应无毛刺、划痕，表面光洁。

（2）均压环在最低处打泄水孔。

6.1.5 二次施工

（1）二次电缆管应排列整齐、固定可靠、工艺美观。

（2）管口应进行钝化处理，电缆管接地可靠。

（3）二次接线正确、工艺美观、二次电缆接地可靠。

6.1.6 交接试验

试验按照 GB/T 50832—2013《1000kV 系统电气装置安装工程电气设备交接试验标准》执行。

6.2 施 工 要 点

6.2.1 施工准备

（1）检查场地是否平整、清洁，是否满足现场安装条件。

（2）复核基础尺寸、预埋件、预留孔、接地线位置，应与设计图纸一致。

（3）复核设备支架顶部安装孔距与设备相符，检查支架垂直度、杆顶水平度符合规范要求。

6.2.2 设备开箱检查及现场保管

（1）检查设备参数是否符合设计要求。清点附件、专用工器具、资料是否齐全。

（2）检查设备外观是否完好，瓷件无破损，密封良好。均压环表面光洁、无损伤。

（3）检查二次接线端子是否连接牢固，绝缘良好，标志清晰。

（4）检查油位指示是否正确、瓷套法兰连接处以及放油阀有无渗漏。

（5）根据现场布置图及安装位置进行临时存放，设备直立固定在包装箱内，防止碰撞及机械损伤。

6.2.3 电磁装置及电容分压器安装

（1）检查电磁装置及电容分压器底座杆顶水平度，水平误差应满足 GB 50834—2013《1000kV 构支架施工及验收规范》和设计要求。

（2）使用吊车、尼龙吊绳及利用设备专用吊点进行电磁装置及电容分压器安装。先安装电磁装置，再安装电容分压器。

（3）根据产品成套供应的组件编号，按照制造厂规定的吊点自下而上的顺序逐节安装各分压器单元。

（4）每安装完成一节电容分压器单元，使用经纬仪在互感器纵横两轴线上测量其垂直度，使用水平尺检查其平整度。

（5）采用升降车进行螺栓紧固，紧固时应对称均匀紧固，螺栓力矩值符合产品技术文件要求，然后将防晕罩与其对应的分压器单元组合安装。

（6）具有保护间隙的互感器检查其距离是否满足产品技术文件要求。

（7）电磁装置与分压器装置按照制造厂提供的专用连接线可靠连接。分压器末端、电磁装置末端、设备外壳均按产品技术文件要求可靠接地。

6.2.4 均压环安装

（1）使用砂纸将均压环表面进行整体打磨、抛光，采用目测及触摸的方法，检查表面光滑度。安装过程中，采用包裹保护措施，避免吊装过程中划伤均压环。

（2）将均压环在地面上与最上节电容分压器单元完成组装，然后随最上节电容单元整体吊装。

（3）在均压环最低点打不大于 ϕ8mm 排水孔。

6.2.5 二次施工

（1）至电压互感器的电缆应穿镀锌钢管保护，镀锌钢管露出地面部分排列整齐、垂直。

（2）电缆管焊接固定在电缆敷设前完成。电缆管固定牢靠、工艺美观，并可靠接地。

（3）电缆管直接与互感器二次接线盒连接时，管口进行钝化处理，避免损伤电缆绝缘层。电缆管无法直接与互感器二次接线盒连接时，电缆管末端至设备接线盒电缆应当穿金属软管，金属软管两端应采用自固定接头或软管接头，且金属软管段应与钢管有良好的电气连接。

（4）敷设至端子箱电缆，电缆屏蔽层、铠装层在端子箱侧一点接地。

6.2.6　交接试验

1000kV 电压互感器交接试验主要包含：

（1）电容分压器低压端对地的绝缘电阻测量。

（2）分压电器的介质损耗因数 $\tan\delta$ 和电容测量。

（3）电容器分压的交流耐压试验。

（4）分压电容器渗漏油检查。

（5）电磁单元线圈部件的绕组直流电阻测量。

（6）电磁单元各部件的绝缘电阻测量。

（7）电磁单元各部件的连接检查。

（8）电磁单元的密封性检查。

（9）准确度（误差）测量。

（10）阻尼器检查。

6.3　图　片　示　例

成果图片见图 6-1 和图 6-2。

图 6-1　电压互感器安装（一）

图 6-2　电压互感器安装（二）

6.4 工 艺 效 果

（1）1000kV 电压互感器设备外观良好，完整无缺损，无渗漏，相色正确。

（2）二次绕组线接线正确，设备接地可靠。

（3）交接试验、施工安装记录齐全。

7 1000kV 避雷器安装

工艺编号：T-JL-BD-07-2018
编写单位：国网山西送变电工程有限公司
审查单位：国家电网公司交流建设分公司

7.1 工 艺 标 准

7.1.1 施工准备

（1）施工场地布置合理，满足起重机械的作业要求。

（2）设备基础误差、预埋件、接地线位置应满足设计图纸及产品技术文件的要求。

（3）设备支架应稳固，杆顶水平度、垂直度满足规范要求。

7.1.2 设备开箱检查及现场保管

（1）设备包装完好、无破损。

（2）瓷件应无裂纹、破损。瓷套与法兰间胶装部位应牢固，防爆膜应完整无损，法兰泄水孔应畅通。

（3）带自闭阀的避雷器压力值应符合产品技术文件要求。

（4）铭牌标识完整、清晰，产品技术文件齐全。

（5）避雷器均压环应存放在专用场地；避雷器应保持直立存放，场地应平整坚实，避免冲击和碰撞。

7.1.3 绝缘底座及屏蔽环安装

（1）绝缘底座安装应符合产品技术文件要求。

（2）绝缘底座绝缘应良好。

（3）屏蔽环表面光洁，无毛刺、无损伤。

7.1.4　避雷器元件安装

（1）避雷器元件安装应按照出厂编号进行组装。

（2）设备的吊点选择、吊装方法应按照产品技术文件要求进行。

（3）并列安装的避雷器三相中心线应在同一直线上，铭牌应位于易于观察的同一侧，避雷器的排气通道应畅通。

（4）避雷器安装后，其垂直度应符合产品技术文件要求。

（5）安装部位螺栓的力矩值应符合产品技术文件要求。

（6）避雷器接线端子的接触表面应平整、清洁、无氧化膜及毛刺。

7.1.5　均压环安装

（1）均压环应无毛刺、划痕，表面光洁。

（2）均压环在最低处打泄水孔。

7.1.6　监测仪安装

（1）监测仪应密封良好，动作可靠；安装位置应一致，便于观察，且符合产品技术文件要求。

（2）监测仪接地应牢固可靠，计数器应调至同一值。

7.1.7　交接试验

试验按照 GB/T 50832—2013《1000kV 系统电气装置安装工程　电气设备交接试验标准》执行。

7.2　施　工　要　点

7.2.1　施工准备

（1）检查场地是否平整、清洁，是否满足现场安装条件。

（2）复核基础尺寸、预埋件、预留孔、接地线位置，应与设计图纸一致。

（3）复核设备支架顶部安装孔距与设备相符，检查支架垂直度、顶面平整度符合规范要求。

7.2.2　设备开箱检查及保管

（1）检查设备参数是否符合设计要求，清点附件、专用工器具、资料是否齐全。

（2）检查瓷件是否无裂纹、破损，瓷套与法兰间胶装部位是否牢固，法兰泄水孔中是否畅通。

（3）检查避雷器防爆膜是否完整无损。当设备有压力检测要求时，压力值应符合产品技术文件要求。

（4）均压环表面光洁、无损伤。

（5）根据现场布置图及安装位置进行临时存放，设备直立固定在包装箱内，防止碰撞及机械损伤。

7.2.3　绝缘底座及屏蔽环安装

（1）检查设备支架杆顶水平度，水平误差应满足 GB 50834—2013《1000kV构支架施工及验收规范》和设计要求。

（2）绝缘底座应与接地网可靠连接。

（3）绝缘底座固定后，安装底座屏蔽环。屏蔽环在安装前使用砂纸进行整体打磨、抛光。

7.2.4　避雷器元件安装

（1）根据产品成套供应的组件编号，按照制造厂规定的吊点自下而上的顺序逐节安装避雷器单元。

（2）每节吊装完成后，使用水平尺测量其上表面水平度，使用经纬仪在避雷器纵横两条轴线上分别测量垂直度。

（3）检查并列安装避雷器三相中心线是否在同一直线上。铭牌应位于观察侧，标识清晰、完整。

（4）检查避雷器接线端子的接触表面是否平整，有无氧化膜及毛刺，并涂以电力复合脂。连接螺栓应齐全、紧固。在连接避雷器引线时，不应使设备端子受到超过允许的外加应力。

（5）采用升降车进行螺栓紧固，紧固时应对称均匀紧固。

（6）避雷器排气通道朝向合理。

7.2.5 均压环安装

（1）使用砂纸将均压环表面进行整体打磨、抛光，采用目测及触摸的方法，检查表面光滑度。安装过程中，采用包裹保护措施，避免吊装过程中划伤均压环。

（2）均压环在地面完成与最上节单元连接，随最上节单元整体吊装。

（3）在均压环最低点打 ϕ6mm 排水孔。

7.2.6 监测仪安装

（1）检查避雷器监测仪接地端是否与主接地网可靠连接。

（2）检查计数器动作是否可靠，电流表指示是否正确。

7.2.7 交接试验

1000kV 避雷器交接试验主要包含：

（1）避雷器绝缘电阻测量。

（2）底座绝缘电阻测量。

（3）直流参考电压及 0.75 倍直流参考电压下的漏电流试验。

（4）运行电压下的全电流和阻性电流测量。

（5）监测器检验等相关试验。

7.3 图 片 示 例

成果图片见图 7-1 和图 7-2。

图 7-1 避雷器安装（一）

图 7-2 避雷器安装（二）

7.4 工 艺 效 果

（1）1000kV 避雷器设备安装外观良好，完整无缺损。

（2）铭牌朝向一致，排气通道畅通。

（3）检测仪、绝缘底座接地规范可靠，相色正确。

（4）各相交接试验项目齐全，施工安装记录齐全、资料完整。

8 中性点电抗器安装

工艺编号：T-JL-BD-08-2018
编写单位：国网山西送变电工程有限公司
审查单位：国家电网公司交流建设分公司

8.1 工 艺 标 准

8.1.1 安装区域条件

（1）施工场地布置合理。

（2）油务处理电源满足使用要求。

（3）基础（预埋件、预埋螺栓）中心位移、水平度误差符合设计要求。

（4）基础预埋件（预埋螺栓）及预留孔符合设计要求，预埋件（预埋螺栓）安装牢固。

8.1.2 附件开箱检查

（1）附件无变形损伤、包装完好，套管无裂纹、划伤，产品技术文件资料齐全。

（2）新到场绝缘油应符合 GB 50150—2016《电气装置安装工程 电气设备交接试验标准》的要求。

8.1.3 本体就位

（1）本体中心位移应符合设计及产品技术文件要求。

（2）本体就位后，冲击记录装置无异常，三维冲击值均不大于 $3g$。

8.1.4 储油柜安装

（1）储油柜表面无碰撞变形、无锈蚀、漆层完好。储油柜安装位置正确。

（2）隔膜袋式储油柜胶囊密封性良好，无泄漏。排气塞、油位表指示器摆杆绞扣清洁、无缺陷。

（3）油位表动作应灵活，指示应与储油柜的真实油位相符，油位表的信号接点位置应正确，绝缘应良好。

（4）吸湿器油位正常，应处于最低油面线和最高油面线之间，吸湿剂颜色正常。

8.1.5　升高座安装

（1）升高座表面无碰撞变形、锈蚀，漆层完好。

（2）升高座底部具有斜度的，应检查上部法兰放气塞的位置是否在最高点。

（3）套管式电流互感器安装前试验结果应符合 GB 50150—2016 要求。

8.1.6　套管安装

（1）套管表面无裂缝、伤痕，瓷釉无剥落，瓷套与法兰的胶装部位牢固、密实；充油套管无渗油，油位指示正常。

（2）安装位置正确，油位指示面向外侧。

（3）法兰连接紧密，连接螺栓齐全，紧固。

（4）末屏完好，接地牢固。

（5）油浸式套管试验结果符合 GB 50150—2016 的要求。

8.1.7　气体继电器安装

（1）气体继电器应检验合格，动作整定值应符合定值要求。

（2）气体继电器安装方向应正确，密封应良好。

（3）集气盒内应充满绝缘油，密封应良好。

（4）气体继电器应有防雨罩。

8.1.8　压力释放阀、测温装置安装

（1）温度计、压力释放装置安装前检验合格，信号接点动作正确，导通良好，就地与远传显示符合产品技术文件规定。

（2）温度计根据设备厂家的规定进行整定，并报运行单位认可。

（3）温度计、压力释放装置应安装防雨罩（厂家提供）。

（4）温度计底座应密封良好。

（5）温度计的细金属软管敷设工艺应美观。

（6）压力释放装置安装方向应正确，阀盖和升高座内部应清洁，密封应良好，电接点动作应准确、绝缘应良好，动作压力值应符合产品技术文件要求。

8.1.9　抽真空处理

（1）真空残压和持续抽真空时间应符合产品技术要求。当无要求时，参照GB 50148—2010《电力变压器、油浸电抗器、互感器施工及验收规范》要求。

（2）真空泄漏检查应符合产品技术文件要求。

8.1.10　真空注油和热油循环

（1）中性点电抗器宜采用真空注油时，选择晴好天气，不得在雨天和雾天进行。

（2）注油前，设备各接地点及油管应可靠接地。

（3）中性点电抗器采用热油循环，其结束的条件应符合产品技术文件要求，当产品技术文件无要求时，应参照 GB 50148—2010 的规定。

（4）真空注油前和热油循环后的绝缘油各项指标应符合 GB 50150—2016 的规定。

8.1.11　整体密封试验和静置

（1）整体密封试验期间电抗器密封良好，无渗油。

（2）中性点电抗器注油完毕，在施加电压前，静置时间不应少于 48h，制造厂有特殊规定的应按制造厂要求执行。

8.1.12　电缆敷设及二次接线

（1）电缆敷设排列整齐、美观、无交叉。

（2）二次接线排列整齐、工艺美观、接线正确。

（3）电缆接地方式应满足设计和规范要求。

（4）电缆防火封堵应符合设计图纸要求。

8.1.13　交接试验

试验结果应满足 GB 50150—2016 的规定。

8.2　施　工　要　点

8.2.1　安装区域条件

（1）安装区域内土建工作全部完成，事故油池具备使用条件。

（2）附件存放场地已硬化、平整、无积水。

（3）施工平面布置，符合现场安全文明施工要求。

（4）真空泵、干燥空气发生器、真空滤油机等机械设备试运转正常，接地良好。

（5）安装场地设置专用电源箱，负荷经计算满足施工用电需求。

8.2.2　设备开箱检查

（1）核对电抗器铭牌参数是否与设计相符。

（2）检查套管表面是否有裂纹、划伤，储油柜、冷却器表面是否有变形、锈蚀。

（3）检查充油套管的油位是否正常，有无渗漏。

（4）仪器、仪表及电气元件的组件，开箱后放置于干燥室内，并有防潮措施，及时送检。

（5）检查运输油罐的密封状况和吸湿器状态，并检查绝缘油的出厂检验报告。

（6）对每罐绝缘油取样进行简化分析，合格后方可进行油务处理工作。

8.2.3　本体就位

（1）检查中性点电抗器就位后三维冲撞记录仪有无异常，是否符合要求。

（2）检查器身整体外观，油漆是否完好，外壳应无锈蚀、损伤等。

（3）检查本体端子箱内部元件，有无受潮、损坏，二次接线是否完好。

（4）保管期间将中性点电抗器本体专用接地点与接地网可靠连接。

8.2.4　储油柜安装

（1）储油柜在地面组装部件，完毕后，将其安装在储油柜支架上；再安装储油柜的排气管、注放油管、阀门等附件。

（2）真空注油后，安装吸湿器联管，联管下端安装吸湿器。拆除吸湿器中的运输密封圈，玻璃筒中加装吸湿剂，油封盒内加变压器油，油位在最低和最高限位之间。

8.2.5 升高座安装

（1）对升高座内部的绝缘油进行试验，试验指标应符合产品技术文件要求，用真空滤油机将油排入专用储油罐内。

（2）安装升高座时，由制造厂技术人员完成高压引线连接、升高座法兰与箱体连接。

（3）打开升高座上法兰封盖后立即覆盖塑料薄膜防尘，并特别注意防止异物落入油箱。

8.2.6 套管安装

（1）套管试验合格。

（2）吊装前使用清洁白布擦拭套管表面及连接部位。

（3）吊装套管，套管在移至升高座上方时，注意调整套管底部与升高座法兰周边的间隙，缓慢放下套管，将升高座中的引线与套管底部接线端子连接，并将引线上的均压球上推拧紧在套管底部。

（4）套管顶部的密封垫安装正确，限位销插入可靠，密封良好，引线连接可靠。末屏接地可靠、密封良好。

（5）绕组末端分接套管按照设计及运行单位要求可靠接地。

8.2.7 气体继电器安装

（1）气体继电器水平安装，顶盖上箭头标志指向储油柜，连接密封良好，将观察窗的挡板处于打开位置。通向气体继电器的管道有1%～1.5%的坡度。

（2）检查集气盒内是否充满绝缘油。

8.2.8 压力释放阀、测温装置安装

（1）油箱顶盖上的温度计座内注入绝缘油，温度计座密封良好，无渗油。

（2）温度计的细金属软管不得压扁和急剧扭曲，应固定可靠，工艺美观。

（3）压力释放阀泄油管安装位置低于设备基础并设置防小动物格栅。

8.2.9 抽真空处理

（1）选用直径≥50mm真空连接管道，连接长度不宜超过20m，连接管道较长时应增加管道直径。将真空管路装于油箱顶部专用蝶阀处。本体抽真空前，先对抽真空系统（包括抽真空设备、管路）进行检查，抽真空至10Pa以下，确保抽真空系统中无泄漏点。

（2）检查所有附件安装及器身打开过的密封板，确认密封圈安装正确、所有密封面上的螺栓已紧固。打开本体与冷却系统之间的所有连通阀门，冷却系统和本体一起进行抽真空。利用三通接头对油箱和储油柜同时抽真空。打开胶囊内外连通阀门，确保胶囊内外同时抽真空。

8.2.10 真空注油和热油循环

（1）真空注油时，从下部油阀进油；注油全过程应持续抽真空，真空残压≤133Pa，注入油的油温高于器身温度，滤油机出口油温在55~65℃，注油速度≤6000L/h。真空注油全过程中，真空滤油机进、出油管不得在露空状态切换。

（2）当绝缘油油面达到距箱顶200~300mm高度时，关闭油箱盖真空阀门，注油速度调整为2000L/h，继续真空注油至正常油位，停止注油。

（3）关闭胶囊内外连通阀门、抽真空管道阀门，拆除真空管道；慢开储油柜抽真空阀门，使胶囊展开。

（4）注油结束后，对中性点电抗器所有组件、附件及管路上的所有放气塞放气，完毕后，调整储油柜内的油位。

（5）注油完毕后，安装吸湿器和气体继电器，对中性点电抗器进行热油循环。

（6）热油循环时，油温、油速及热油循环时间按照产品技术文件要求进行。

8.2.11 整体密封试验和静置

（1）整体密封试验前，对油箱顶部的压力释放阀采用人为干预的方式防止压力释放装置动作。试验结束后，将压力释放阀恢复至运行前工作状态。

（2）利用储油柜吸湿器管路向胶囊袋内缓慢充入合格的干燥空气，加气压力至 0.03MPa，持续时间 24h，观察中性点电抗器无渗漏现象。

（3）回装储油柜吸湿器，并按照吸湿器使用说明书更换吸湿剂。

（4）热油循环结束后，静置 48h 后开启电抗器所有组件、附件及管路的放气阀多次排气，当有油溢出时，立即关闭放气阀。

8.2.12　电缆敷设及二次接线

（1）本体端子箱可开启门采用软铜绞线与本体可靠连接。

（2）本体至汇控柜电缆一端在汇控柜接地，汇控柜至各小室电缆二端均接地，接地线截面采用不小于 4mm² 的接地线。

（3）汇控柜入口处电缆 1.5m 处均匀涂刷防火涂料，涂刷厚度为 1mm。

（4）本体端子箱内接地铜排与等电位接地网可靠连接。

（5）按照设计图纸和产品图纸进行二次接线，核对设计图纸、产品图纸与实际装置是否符合。

8.2.13　交接试验

中性点电抗器交接试验主要包含：

（1）密封试验。

（2）绕组连同套管的直流电阻。

（3）绕组连同套管的绝缘电阻、吸收比和极化指数测量。

（4）绕组连同套管的介质损耗因数 $\tan\theta$ 和电容量测量。

（5）绕组连同套管的外施工频耐压试验。

（6）绝缘油的试验。

（7）油中溶解气体分析。

（8）套管试验。

（9）套管及电流互感器试验。

8.3　图　片　示　例

成果图片见图 8-1 和图 8-2。

图8-1　中性点电抗器安装（一）　　　图8-2　中性点电抗器安装（二）

8.4　工　艺　效　果

（1）设备安装外观良好，无渗漏现象，功能良好。

（2）二次回路接线正确，设备接地可靠，各种标识齐全。

（3）各相交接试验项目齐全，施工安装记录齐全、资料完整。

第二篇

变电站通用设备

软母线安装

工艺编号：T-JL-BD-09-2018

编写单位：国网山西送变电工程有限公司

审查单位：湖南省送变电工程有限公司

9.1 工艺标准

9.1.1 档距测量

为保证数据准确性，应采用免棱镜全站仪等误差小的仪器测量。

9.1.2 材料进场检验

导线、金具、绝缘子等产品技术资料齐全，外观完好，规格符合设计要求。

9.1.3 试件压接

耐张线夹压接前应对每种规格的导线取试件两件进行试压，并应在试验合格后再施工。

9.1.4 绝缘子串与金具组装

（1）绝缘子的瓷件应完整无裂纹，试验合格，碗口应朝正确方向并保持一致。

（2）金具与导线匹配，金具及紧固件表面应光滑，无裂纹、毛刺、伤痕、砂眼、锈蚀、滑扣等缺陷，锌层不应剥落。具有可调金具的母线，在导线安装调整完毕之后，应将可调金具的调节螺母锁紧、锁紧后安装 R 销或开口销。

（3）弹簧销有足够弹性，闭口销应分开，并不得有折断或裂纹，不得用线材代替。

9.1.5　软母线压接

（1）导线应无扭结、松股、断股、严重腐蚀或其他明显的损伤。

（2）线夹应与导线规格相符，导线的端头伸入线夹的长度应达到规定的长度，压接时以压力值达到规定值为判断压力合格的标准。

（3）压接后六角形对边尺寸应在 $0.866kD+0.2mm$ 范围内（其中，D 为压接管外径，k 为压接系数取 0.997），当任何一个对边尺寸超过 $0.866kD+0.2mm$ 时，应除去飞边后复压，不能达到要求后应更换压模。

9.1.6　软母线架设

（1）母线弛度应符合设计要求，其允许误差为 $-2.5\%\sim+5\%$，同一档距内三相母线的弛度应一致。

（2）相同布置的分支线，宜有同样的弯曲度和弛度。扩径导线的弯曲度不小于导线外径的 30 倍。

（3）母线与构架以及母线间的距离应满足规范及设计要求。

9.2　施　工　要　点

9.2.1　档距测量

（1）档距测量采用免棱镜全站仪等误差小的仪器测量，对测量的数据分别记录并进行比对，取测量结果的平均值作为最终结果。

（2）核对横梁挂线点与连接金具是否匹配。

9.2.2　材料进场检验

（1）检查导线外观是否完好，不得有扭结、松股、断股、严重腐蚀或其他明显的损伤；扩径导线不得有明显凹陷和变形，同一截面处损伤面积不得超过导电部分总面积的 5%；用游标卡尺测量导线外径、钢芯外径、每股导线的外径，确认其在合格范围内，检查扩径导线芯棒与导线是否匹配。

（2）检查金具及紧固件表面是否光滑，应无裂纹、伤痕、砂眼、锈蚀、滑扣、变形等缺陷，锌层无脱落现象，转动部分灵活，零件配套齐全；引流板无变形、表面光滑，无裂纹、腐蚀；检查金具规格是否符合设计要求。

（3）检查绝缘子型号、爬距、色泽是否符合设计要求；瓷件外观光洁、完整，无裂纹、暗纹；试验合格。

（4）检查导线、金具、绝缘子合格证、检验报告等产品技术资料是否齐全。

9.2.3　试件压接

试件金具与金具之间的导线长度应不小于导线外径的 100 倍，且不小于 2.5m（见 GB/T 2317.1—2008《电力金具试验方法　第 1 部分：机械试验》）。将试件送有资质单位进行检测，检测合格后，方可开展正式压接工作。

9.2.4　绝缘子串与金具组装

（1）绝缘子串组装前，按照要求对绝缘子表面进行检查、清洁；绝缘子串组装时，由挂点侧起数，配色符合设计要求。

（2）金具组装时，连接金具的螺栓、销钉及锁紧销等完整，弹簧销有足够弹性，闭口销分开，并不得有折断或裂纹，不能用线材代替，且穿向一致。

（3）绝缘子串的碗口朝向一致，螺栓一律由上向下穿。当使用 W 型弹簧销子时，绝缘子碗口一律向上；当使用 R 型弹簧销子时，绝缘子碗口一律向下。绝缘子串的球头挂环、碗头挂板及锁紧销等相互匹配。将可调金具置于中间位置，调节螺母锁紧、锁紧后安装 R 销或开口销，均压环及屏蔽环最低处打泄水孔。

（4）绝缘子串、金具组装好后，将绝缘子串垂直吊起，测量绝缘子串及金具整体长度。四分裂式软母线分为上下两层，绝缘子串及金具整体长度需分别测量，根据测量结果确定导线下料长度。

（5）多串绝缘子并联时，在装配完成后检查每串所受的张力是否均匀。

9.2.5　软母线压接

（1）压接人员经培训考试合格、持证上岗。对施工人员进行专门的安全技术交底。

（2）检查导线有无扭结、松股、断股、严重腐蚀或其他明显的损伤。根据测量数据和设计提供的软导线温度曲线安装图，利用专用软件分别计算出上下两层导线下料长度，在计算下料长度时充分考虑导线及压接管的延展量。

（3）切断导线前，端头加绑扎，以防导线松股；断面整齐、无毛刺，并与线股轴线垂直。压接导线前需要切割铝线时，不得伤及钢芯。

（4）核对耐张线夹与导线规格是否相符，导线与耐张线夹接触面均应清除氧化膜，并用金属清洗剂（汽油或丙酮）清洗，清洗长度不少于连接长度的1.2倍，导电接触面涂以电力复合脂。

（5）液压设备完好，油压表处于有效鉴定期内。压接用的压模与被压管配套，液压钳与压模匹配。

（6）将导线穿过耐张线夹铝管，在铝管的另一端露出导线的端头，导线端头扎紧，将钢锚旋入扩径导线螺旋管内，保留一定的间隙。

（7）将导线连同钢锚一起拉回铝管内，检查引流板的方向是否符合要求，将铝管口前导线扎紧。

（8）压接前，在铝管表面覆柔性材质的保护膜。压接时保持线夹位置正确，不得歪斜，相邻两模间重叠不小于 10mm。以压力值达到规定值为判断压力合格的标准，从管口至端部依次压接。压接完成后，打磨飞边、毛刺，压接管口涂刷防锈漆。

（9）压接后检查六角形任何一个对边尺寸均不大于 $0.866kD+0.2$mm。根据设计要求在导线表面标记间隔棒位置，采用柔性材质的保护膜对软母线进行包裹。

9.2.6　软母线架设

（1）采用吊车或卷扬机吊起一端的绝缘子串，离开地面适当距离后将导线与绝缘子串连接，缓慢起吊直至挂点位置，将绝缘子串与横梁挂点可靠连接。起吊时导线另一端绝缘子串置于绝缘子滑车上，随导线向前移动。

（2）另一端采用卷扬机起吊，卷扬机缓慢紧线，使导线缓慢上升。当提升至安装位置时停止操作，由高空作业人员将绝缘子串与横梁挂点连接。

（3）软母线离开地面约 800～1000mm 时，拆除保护膜。

（4）软母线安装时进行试挂，试挂完成后对母线有关参数进行复测并调整使其满足设计要求。试挂复测结果合格，方可进行同一档距内其余两相母线的压接工作。

（5）软母线安装完成后，检查绝缘子碗口方向、螺栓穿向是否一致，闭口销是否齐全并全部打开。在已标记好的位置安装间隔棒，间隔棒与导线轴线垂直。

9.3 图 片 示 例

成果图片见图9-1～图9-10。

图9-1 档距测量

图9-2 导线展放

图9-3 铝管表面敷保护膜

图9-4 软母线压接（一）

图9-5 软母线压接（二）

图9-6 软母线成品保护

图9-7　软母线架设（一）

图9-8　软母线架设（二）

图9-9　软母线成品（一）

图9-10　软母线成品（二）

9.4　工　艺　效　果

（1）同一档距内三相母线的弛度一致，绝缘子碗口方向、螺栓穿向一致，闭口销齐全并全部打开。

（2）间隔棒与导线轴线垂直，排列整齐美观。

（3）软母线与构架及母线间的距离满足规范及设计要求。

10 引下线及跳线安装

工艺编号：T-JL-BD-10-2018
编写单位：国网山西送变电工程有限公司
审查单位：湖南省送变电工程有限公司

10.1 工 艺 标 准

10.1.1 材料进场检验

导线、金具、绝缘子等产品技术资料齐全，外观完好，规格符合设计要求。

10.1.2 制作与安装

（1）高跨线上（T形）线夹位置设置合理，引下线、跳线走向自然、美观，弧度适当。

（2）设备线夹（角度）方向合理。

（3）软导线压接线夹管口向上安装时，应在线夹底部打不超过ϕ8mm的泄水孔。

（4）铝管压接后弯曲度小于2%。

（5）压接时保持线夹位置正确，不得歪斜，相邻两模间重叠不应小于10mm；压接后六角形任何一个对边尺寸均应不大于0.866kD+0.2mm（其中，D为压接管外径，k为压接系数取0.997）。

（6）引下线、跳线安装后，与构架及线间的距离满足规范及设计要求。

10.2 施 工 要 点

10.2.1 材料进场检验

（1）检查导线外观是否完好，不得有扭结、松股、断股、严重腐蚀或其他明显的损伤；扩径导线不得有明显凹陷和变形，同一截面处损伤面积不得超过导电部分总面积的 5%；用游标卡尺测量导线外径、钢芯外径、每股导线的外径，确认其在合格范围内，检查扩径导线芯棒与导线是否匹配。

（2）检查金具及紧固件表面是否光滑、无裂纹、伤痕、砂眼、锈蚀、滑扣、变形等缺陷，锌层无脱落现象；检查设备线夹接触面是否光滑平整，需增加铜铝过渡片的注意区分铜面与铝面；检查金具规格是否符合设计要求。

（3）检查绝缘子型号、爬距、色泽是否符合设计要求；瓷件外观光洁、完整，无裂纹、暗纹；试验合格。

（4）检查导线、金具、绝缘子合格证、检验报告等产品技术资料是否齐全。

10.2.2　制作与安装

（1）压接人员经培训考试合格、持证上岗，对施工人员进行专门的安全技术交底。

（2）引下线、跳线制作前，确定其安装位置，检查两侧线夹规格并确定引下线、跳线线夹引流板方向。

（3）检查设备线夹截面与设备接线端子是否匹配。

（4）依据设计要求确定引下线、跳线规格，检查制作引下线、跳线的线夹与导线、压接模具是否匹配。

（5）切断导线前，端头加绑扎，以防导线松股；断面整齐、无毛刺，并应与线股轴线垂直。压接导线前需要切割铝线时，不得伤及钢芯。

（6）导线与线夹压接前，其接触面均应清除氧化膜，用金属清洗剂（汽油或丙酮）清洗，清洗长度不少于连接长度的 1.2 倍，导电接触面涂以电力复合脂。

（7）线夹应顺绞线方向旋转穿入，用力不宜过猛以防松股，导线伸入线夹的长度符合规定要求。扩径导线与线夹压接，用相应的衬料将扩径导线中心的空隙填满。

（8）引下线、跳线先压接好一端，再实际测量确定导线长度。测量过程充分考虑引下线、跳线安装后，设备侧接线板所承受应力不超过设计或产品技术文件要求。

（9）短导线压接时，将导线插入线夹内距底部 10mm，用夹具在线夹入口处将导线夹紧。压接时注意所用导线类型：如采用扩径导线，从压接管管口开始向末端方向压接；如采用纯铝导线，从压接管末端向管口方向压接，并充分考虑压接时的延展量。压接过程中控制每模搭接长度，控制铝管弯曲度。压接完成后，打磨飞边、毛刺。

（10）检查线夹压接后六角形对边尺寸是否符合规范要求。根据设计要求在导线表面标记间隔棒位置，采用柔性材质的保护膜对导线进行包裹。

（11）引下线、跳线安装过程中导线、金具避免磨损，连接线安装时避免设备端子受到超过允许承受的应力，扩径导线的弯曲度不小于导线外径的 30 倍。所有载流部分螺栓均采用符合设计要求的螺栓，按照螺栓规格进行力矩检测。

（12）在已标记好的位置安装间隔棒，间隔棒与导线轴线垂直。引下线、跳线安装完成后，检查与构架及线间的距离是否满足规范及设计要求。

10.3 图 片 示 例

成果图片见图 10-1～图 10-4。

图 10-1　引下线、跳线安装（一）

图 10-2　引下线、跳线安装（二）

图 10-3　引下线、跳线安装（三）

图 10-4　引下线、跳线安装（四）

10.4　工　艺　效　果

（1）检查导线、金具、绝缘子等产品外观及技术资料，保证产品的规格符合设计要求。

（2）严格控制引下线、跳线制作前、制作过程中施工要点.

（3）保证引下线、跳线走向自然美观，三相弧度适当，与构架及线间的距离满足规范及设计要求。

管 形 母 线 安 装

工艺编号：T－JL－BD－11－2018
编写单位：国网山西送变电工程有限公司
审查单位：湖南省送变电工程有限公司

11.1 工艺标准（支持型管形母线）

11.1.1 进场材料检验

管形母线、金具、支柱绝缘子等产品技术资料齐全，外观完好，规格应符合设计要求，所有材料均符合现行国家标准有关规定。

11.1.2 管形母线加工

（1）管形母线焊接应由经培训考试合格取得相应资质证书的焊工进行，焊接质量应符合现行行业标准的有关规定。

（2）需切断管形母线时，管口应平整且与轴线垂直。坡口应用机械加工，其表面应光滑、均匀、无毛刺。

（3）正式焊接前，应制作两件焊接试件进行焊接工艺试验，焊接接头性能应满足有关规范要求。

（4）焊接场所应采取可靠的防风、防雨、防雪、防冻、防火等措施。

（5）管形母线应采用氩弧焊。焊接前确认母材牌号，正确选定焊丝，其材质应与管形母线材质一致，符合现行国家标准的有关规定，去除表面氧化膜、水分和油污等杂物。合理制定焊接工艺，尽量减少焊口，且焊口位置适宜，距管形母线支持器夹板边缘距离应不小于50mm。

（6）直径大于 300mm 的对接接头宜采取对接焊。焊接前应将管形母线坡口两侧表面各 50mm 范围内清刷干净，不得有氧化膜、水分和油污。对接接头对口应平直，弯折偏移应不大于 0.2%，中心线偏移应不大于 0.5mm。

（7）管形母线补强衬管的纵向轴线应位于焊口中央，衬管与管母线的间隙应小于 0.5mm。

（8）每道焊缝应连续施焊；焊缝未完全冷却前，管形母线不得移动或受力。

（9）焊缝应有 2～4mm 余高，表面无可见裂纹、未焊合、气孔、夹渣等缺陷；咬边深度不得超过管形母线壁厚的 10%且不得大于 1mm，其总长度不得超过焊接总长度的 20%。

11.1.3　管形母线安装

（1）安装在同一平面或垂直面上支柱绝缘子的顶面，应位于同一平面上；其中心线位置应符合设计要求。

（2）安装前，复测支柱绝缘子高差应≤10mm；水平安装的宜对管形母线采取预弯措施。

（3）安装时，应采用多点吊装，不得伤及管形母线。管形母线在支柱绝缘子上的固定死点，每一段应设置 1 个，并宜位于全长或两母线伸缩节中点。

（4）固定金具或滑动式支持器不应形成闭合磁路。固定金具与支柱绝缘子间的固定应平整牢固，不应使所支持管形母线受到额外应力。滑动式支持器的轴座与管形母线之间应有 1～2mm 的间隙。

（5）伸缩节不得有裂纹、断股和折皱现象，截面符合设计要求，且伸缩裕度合理。

（6）管形母线终端应安装防电晕装置，其表面应光滑、无毛刺或凹凸不平。

（7）安装后，同相管形母线应平直，挠度小于 $D/2$（D 为管形母线的直径），轴线处于一个垂直面上。三相管形母线轴线应互相平行，端部整齐，相距一致。相间距离及对地距离应满足规范要求。

11.2　施工要点（支持型管形母线）

11.2.1　进场材料检验

（1）核对管形母线的规格、数量是否符合设计要求。检查管形母线表面是否光洁平整，应无裂纹、折皱、夹杂物及变形和扭曲现象，弯曲度是否满足规范要求。检查衬管、封端盖、封端球等与管形母线是否匹配。

（2）检查金具及紧固件表面是否光滑，应无裂纹、伤痕、砂眼、锈蚀、滑扣、变形等缺陷，锌层无脱落现象。

（3）支柱绝缘子的瓷件、法兰盘完整无裂纹，胶合处填料完整、结合牢固；试验合格。

（4）检查管形母线、金具、支柱绝缘子的合格证、检验报告等产品技术资料是否齐全。

11.2.2　管形母线加工

（1）焊接人员经培训考试合格、持证上岗。对施工人员进行专门的安全技术交底。

（2）管形母线跨度满足设计要求，需要焊接时，依据跨度尺寸合理配置焊点并避开金具安装位置，保证焊口距管形母线支持器夹板边缘的距离不小于50mm；需要切断时，保证管口平整且与轴线垂直。

（3）使用专用机械对焊接端进行坡口处理，清除毛刺、飞边，保证坡口表面光滑、均匀、无毛刺；坡口形式和尺寸应满足规范要求，加强孔数量应满足设计要求。

（4）正式焊接前，对每种型号管形母线焊接两件试件送有资质的单位进行检测，检测合格后方可施工。试验项目包括直流电阻、X光无损探伤、表面及断口检验、焊缝抗拉强度等。

（5）对接接头对口平直，检查弯折偏移是否小于等于0.2%、中心线偏移是否小于等于0.5mm。

（6）检查焊接所使用的焊丝和衬管与管形母线材质是否相同。衬管长度满足设计要求，与管形母线间隙小于0.5mm，纵向轴线位于焊口中央。

（7）管形母线焊接坡口及两侧各50mm、衬管焊接部位、焊丝表面清理干净。表面的油污用丙酮等有机溶剂擦洗。表面氧化膜用刮刀、直径ϕ0.15mm细铜丝刷、不锈钢丝刷或钢丝直径小于1.5mm的电动钢丝轮等机械方法清除。

（8）焊接时采用氩弧焊，采取可靠的防风、防雨、防雪、防冻、防火等措施。焊接过程中不得中断氩气保护，每道焊缝连续施焊。焊接成形后待管形母线完全冷却再移动。

（9）焊接后，检查焊缝高度是否在2～4mm范围之内、焊缝外观是否满足规范要求。

11.2.3　管形母线安装

（1）同一平面或垂直面上的支柱绝缘子，顶面均位于同一平面、中心线位置均符合设计要求。

（2）安装前，复测支柱绝缘子等支持设备垂直度、中心线以及标高是否符合规范及设计要求。水平安装管形母线进行预拱，预拱的目的是为了保证管形母线水平安装后平直，考虑其就位后自身重量以及金具重量，预拱过程对焊接区域采取保护措施。

（3）根据设计要求，在管形母线中穿入阻尼导线，安装封端盖或封端球，并作相序标识。

（4）管形母线就位前再次进行外观检查，确保表面光洁平整，应无裂纹、折皱、夹杂物及变形和扭曲现象。就位采用多点吊法，管形母线两端栓控制绳，设专人控制防止碰撞。

（5）管形母线就位后，采用专用金具进行连接。固定金具与管形母线接触面均打磨光滑且涂电力复合脂，安装紧固。与支柱绝缘子间固定平整牢固，不得使所支持管形母线受到额外应力。

（6）将滑动式支持器调至中间位置，确保滑动式支持器的轴座与管形母线之间有 1～2mm 的间隙，连接支持金具与管形母线间等电位线。

（7）检查伸缩节是否有裂纹、断股以及折皱现象，截面是否符合设计要求，伸缩裕度是否合理。与管形母线接触面均打磨光滑且涂上电力复合脂，安装紧固。

（8）管形母线、封端球最低点打泄水孔。

（9）所有紧固件均采用符合设计要求的螺栓，按照螺栓规格进行力矩检测。

（10）安装后，检查同相管形母线是否平直，挠度小于 $D/2$（D 为管形母线的直径），轴线处于一个垂直面上；检查三相管形母线轴线是否互相平行，端部整齐，相距一致，相间距离、对地距离是否满足规范要求。

11.3　工艺标准（悬吊式管形母线）

11.3.1　进场材料检验

管形母线、金具、绝缘子等产品技术资料齐全，外观完好，规格应符合设计要求，所有材料均符合现行国家标准的有关规定。

11.3.2　管形母线加工

（1）管形母线焊接应由经培训考试合格取得相应资质证书的焊工进行，焊接质量应符合现行行业标准的有关规定。

（2）需切断管形母线时，管口应平整且与轴线垂直；坡口应用机械加工，其表面应光滑、均匀、无毛刺。

（3）正式焊接前，应制作两件焊接试件进行焊接工艺试验，焊接接头性能应满足有关规定要求。

（4）焊接场所应采取可靠的防风、防雨、防雪、防冻、防火等措施。

（5）管形母线应采用氩弧焊。焊接前确认母材牌号，正确选定焊丝，其材质应与管形母线材质一致，符合现行国家标准的有关规定，去除表面氧化膜、水分和油污等杂物。合理制定焊接工艺，尽量减少焊口，且焊口位置适宜，距管形母线金具夹板边缘距离应不小于50mm。

（6）直径大于300mm的对接接头宜采取对接焊。焊接前应将管形母线坡口两侧表面各50mm范围内清刷干净，不得有氧化膜、水分和油污。对接接头对口应平直，弯折偏移应不大于0.2%，中心线偏移应不大于0.5mm。

（7）管形母线补强衬管的纵向轴线应位于焊口中央，衬管与管母线的间隙应小于0.5mm。

（8）每道焊缝应连续施焊。焊缝未完全冷却前，管形母线不得移动或受力。

（9）焊缝应有2～4mm余高，表面无可见裂纹、未焊合、气孔、夹渣等缺陷；咬边深度不得超过管形母线壁厚的10%且不得大于1mm，其总长度不得超过焊接总长度的20%。

11.3.3　管形母线安装

（1）安装前，核对横梁挂点位置应正确、孔径应符合要求。

（2）绝缘子的瓷件应完整无裂纹，试验合格；绝缘子串组装时，数量、配色应符合设计要求。

（3）金具表面应光滑，应无裂纹、毛刺、伤痕、砂眼、锈蚀、划扣等缺陷，锌层不应剥落。

（4）管形母线终端应安装防电晕装置，其表面应光滑、无毛刺或凹凸不平。

（5）安装时，应采用多点吊装，不得伤及管形母线。吊装过程中，保持管形母线水平防止产生较大弯曲应力。长跨度母线在安装前要进行预拱，预拱的目的是为了保证管形母线水平安装后平直。

（6）安装后，同相管形母线应平直，挠度小于 $D/2$（D 为管形母线的直径），轴线处于一个垂直面上。三相管形母线轴线应互相平行，端部整齐，相距一致。相间距离及对地距离应满足规范要求。

11.4 施工要点（悬吊式管形母线）

11.4.1 进场材料检验

（1）核对管形母线的规格、数量是否符合设计要求。检查管形母线表面是否光洁平整，应无裂纹、折皱、夹杂物及变形和扭曲现象，弯曲度是否满足规范要求。检查衬管、封端盖、封端球、均压环及屏蔽环等与管形母线是否匹配。

（2）检查金具及紧固件表面是否光滑，应无裂纹、伤痕、砂眼、锈蚀、滑扣、变形等缺陷，锌层应无脱落现象。

（3）绝缘子型号、爬距、色泽符合设计要求；瓷件外观光洁、完整，无裂纹、暗纹；试验合格。

（4）检查管形母线、金具、绝缘子的合格证、检验报告等产品技术资料是否齐全。绝缘子串组合时，连接金具的螺栓销钉及锁紧销等应完整，且其穿向应一致，耐张绝缘子串的碗口应向下绝缘子串的球头挂环碗头挂板及锁紧销等应互相匹配。

11.4.2 管形母线加工

（1）焊接人员经培训考试合格、持证上岗。对施工人员进行专门的安全技术交底。

（2）管形母线跨度满足设计要求，需要焊接时，依据跨度尺寸合理配置焊点。需要切断时，保证管口平整且与轴线垂直。

（3）使用专用机械对焊接端进行坡口处理，清除毛刺、飞边，保证坡口表面光滑、均匀、无毛刺；坡口形式和尺寸满足规范要求，加强孔数量满足设计要求。

（4）正式焊接前，对每种型号管形母线焊接两件试件送有资质单位进行检测，检测合格后方可施工。试验项目包括直流电阻、X 光无损探伤、表面及断口检验、焊缝抗拉强度等。

（5）对接接头对口平直，检查弯折偏移是否小于等于 0.2%、中心线偏移是否小于等于 0.5mm。

（6）检查焊接所使用的焊丝和衬管与管形母线材质是否相同。衬管长度满足设计要求，与管形母线间隙小于 0.5mm，纵向轴线位于焊口中央。

（7）管形母线焊接坡口及两侧各 50mm、衬管焊接部位、焊丝表面清理干净。表面的油污用丙酮等有机溶剂擦洗；表面氧化膜用刮刀、直径 ϕ0.15mm 细铜丝刷、不锈钢丝刷或钢丝直径小于 1.5mm 的电动钢丝轮等机械方法清除。

（8）焊接时采用氩弧焊，采取可靠的防风、防雨、防雪、防冻、防火等措施。焊接过程中不得中断氩气保护，每道焊缝连续施焊。焊接成形后待管形母线完全冷却再移动。

（9）焊接后，检查焊缝高度是否在 2~4mm 范围之内、焊缝外观是否满足规范要求。

11.4.3 管形母线安装

（1）安装前，核对横梁挂点位置是否正确、孔径是否符合要求。

（2）按照要求对绝缘子表面进行检查、清洁；绝缘子串组合时，其数量、配色符合设计要求。

（3）检查金具表面是否光滑，应无裂纹、毛刺、伤痕、砂眼、锈蚀、划扣等缺陷，锌层完好。

（4）悬吊式管形母线就位前，以安装在管形母线下方设备基础为参考，测量横梁挂点实际标高，结合设计要求及组装后金具绝缘子串长度，计算出悬吊金具安装位置。

（5）检查防电晕装置（封端球、均压环及屏蔽环等）表面是否光滑、无毛刺或凹凸不平。根据设计要求，在管形母线中穿入阻尼导线，并安装封端盖或封端球。安装均压环及屏蔽环，并作相序标识。

（6）所有紧固件均采用符合设计要求螺栓，按照螺栓规格进行力矩检测。

（7）吊装前再次检查管形母线表面是否符合要求，检查金具、绝缘子串是否正确组装，闭口销是否完整并全部打开，螺栓穿向是否一致。花篮螺栓调至中间位置，调节螺母锁紧。当使用 W 型弹簧销子时，绝缘子碗口一律向上；当使用 R 型弹簧销子时，绝缘子碗口一律向下。绝缘子串的球头挂环、碗头挂板及锁紧销等相互匹配。管形母线横梁与架构柱连接螺栓已紧固。

（8）按照"四点吊法"进行吊装，采用四台卷扬机分别与绝缘子串端部相连（长跨距管形母线吊装时，在中间位置采用吊车辅助），并设专人指挥、同步缓慢提升至安装位置，将绝缘子串端部金具与横梁挂点相连，螺栓穿向由上往下。

（9）吊装后复测管形母线标高，误差范围内可通过花篮螺栓进行调节，同时对整段母线进行调直。单跨距、大口径悬吊式管形母线通过加入配重块进行调平。

（10）管形母线跳线制作过程保持每相及分裂导线每根弧度一致，制作完成后对管形母线再次进行调整。

（11）安装后，检查同相管形母线是否平直，挠度小于 $D/2$（D 为管形母线的直径），轴线处于一个垂直面上。检查三相管形母线轴线是否互相平行，端部是否整齐，是否相距一致，相间距离、对地距离是否满足要求。

（12）在管形母线、封端球、均压环及屏蔽环最低点打泄水孔。

11.5　图　片　示　例

成果图片见图 11-1～图 11-6。

图 11-1　管形母线外观检查

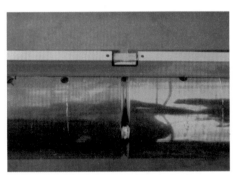

图 11-2　管形母线加工（一）

图 11-3　管形母线加工（二）

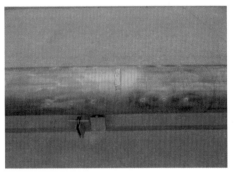

图 11-4　管形母线加工（三）

图 11-5　管形母线安装（一）　　　　图 11-6　管形母线安装（二）

11.6　工　艺　效　果

（1）对管形母线、金具、绝缘子等产品进行外观检查，同时检查其合格证、检验报告等技术资料，保证产品规格符合设计要求。

（2）严格控制管形母线加工过程中的施工要点，保证加工后满足工艺标准要求。

（3）支持型管形母线就位采用多点吊法，管形母线两端栓控制绳，并设专人控制防止碰撞。

（4）悬吊型管形母线按照"四点吊法"进行吊装，实现管形母线与绝缘子串同步起吊，避免大量高空作业，缩短作业时间，降低作业风险。

（5）安装后同相管形母线平直，挠度小于 $D/2$（D 为管形母线的直径），轴线处于一个垂直面上。

（6）三相管形母线轴线互相平行，端部整齐，相距一致，相间距离、对地距离满足要求。

12 500kV GIS 设备安装

工艺编号：T-JL-BD-12-2018

编写单位：河北省送变电有限公司

审查单位：国家电网公司交流建设分公司

12.1 工 艺 标 准

12.1.1 基础检查及划线

（1）基础标高误差、基础尺寸应符合产品技术文件要求。

（2）基础预埋件、预留孔洞、电缆沟预留位置应符合设计要求。

（3）断路器 x、y 轴线误差不应大于 5mm，预埋件表面标高误差为相邻埋件不应大于 2mm、全部埋件不应大于 5mm。

12.1.2 设备开箱检查及保管

（1）设备应包装完好、无破损；设备表面清洁；设备及零部件、专业工器具等符合装箱清单、技术规范书的数量、质量要求。

（2）装有三维运输冲击记录仪的单元，冲击加速度值应不大于 $3g$ 或满足产品技术文件要求。

（3）充气体运输单元，充气压力应符合产品技术文件要求。

（4）GIS 应按原包装放置于平整、无积水、无腐蚀性气体的场地，断路器单元宜直接放置于基础上。对有防雨要求的设备应有相应防雨措施，对于有防潮要求的附件及专用材料等应置于干燥的室内。

12.1.3 安装环境条件

（1）设备安装作业区周边范围内的地面应采取防尘措施，防尘室周边无造成扬尘的作业。

（2）户外 GIS 防尘室防尘级别达到百万级粒径 0.5μm 以上的尘埃不多于 35 000 个/L，环境温度 –10～40℃，空气相对湿度不超过 80%。

（3）防尘室验收合格，满足设备安装要求。

12.1.4　设备单元对接安装

（1）对接单元轴线与基础轴线中心的控制偏差应符合产品技术文件要求。

（2）盆式绝缘子、法兰面及密封槽表面应光滑平整、无受潮、无毛刺、无损伤；新密封垫无损伤、材质满足标准要求。

（3）导电部件镀银状态良好，表面光滑、无脱落。

（4）连接插件的触头中心应对准插口，不得卡阻，导体插入深度应符合产品技术文件要求。

（5）回路电阻测量电流值不应小于 100A，螺栓紧固力矩值应满足产品技术文件要求。

（6）吸附剂包装无破损、无受潮。吸附剂从密封装置中取出到装入设备的过程不应超过 30min。吸附剂更换应在湿度小于 80%的环境下进行。

（7）套管的吊点选择、吊装方法应按照产品技术说明书进行。套管均压环安装应无划痕、毛刺，安装应牢固、平整、无变形，均压环宜在最低处打排水孔。

12.1.5　附件安装

（1）基座、支架的安装应符合设计和产品技术文件要求。螺栓连接和紧固应对称均匀用力，其力矩值符合应符合产品技术文件的要求。

（2）SF_6 密度继电器安装前应校验，合格后安装。气体管道的现场加工工艺、弯曲半径及支架布置符合产品技术文件要求。

（3）伸缩节的安装应符合产品技术文件要求。

（4）设备筒体固定支撑与地基满焊，焊接满足规范要求。

（5）设备接地应连接可靠，标识应清晰。

12.1.6　抽真空及注 SF_6 气体

（1）充气设备及管路洁净、无水分、无油污；管路连接可靠，无渗漏。应采用带有电磁逆止阀的真空机组进行抽真空，气室内真空度应满足厂家技术文件要求。

（2）气瓶充 SF_6 气体时阀门不宜打开过大，出口压力不宜过高，使压力表指针不抖晃，以缓慢上升为宜，防止液态气体进入气室内，使气室压力过量升高。

（3）注气前 SF_6 全分析、含水量、纯度等试验合格，SF_6 纯度应不小于 99.9% 或 SF_6 气体中空气含量应小于 0.04%。

（4）充入断路器气室内气体含水量应小于 150μL/L，其他气室含水量小于 250μL/L。

（5）气室密封检查应在充气 24h 后进行，测量设备灵敏度不应低于 $1×10^{-2}$ Pa · cm^3/s，每个气室的年泄漏率应小于 0.5%。

12.1.7　设备调整

（1）断路器操动机构的零部件应齐全，电动机转向应正确。各种接触器、继电器、微动开关、压力开关和辅助开关的动作应准确可靠。

（2）辅助开关接点应转换灵活；分、合闸线圈铁心应动作灵活，无卡阻；控制元件绝缘应良好。

（3）辅助开关与机构间的连接应松紧适当、转换灵活，并满足通电时间的要求。

（4）机构液压油的标号应符合产品的技术规定，油位指示应正常，连接管路应密封良好。

（5）隔离开关和接地开关的操动机构零部件应齐全，所有固定连接部件应紧固，电机转向应正确。

（6）隔离开关和接地开关的安装和调整，应符合产品的技术要求。

（7）设备接地引下线应符合产品要求。

12.1.8　电缆敷设及二次接线

（1）箱、柜门关闭应严密，内部应干燥清洁，并应有通风和防潮措施，接地应良好，液压机构应有隔热措施。

（2）控制和信号回路应正确，符合 GB 50171—2012《电气装置安装工程盘柜及二次回路结线施工及验收规范》的有关规定。

（3）电缆敷设排列整齐、美观、无交叉；二次接线排列整齐、工艺美观、接线正确；电缆的屏蔽层接地方式应满足设计和规范要求；电缆防火封堵应符合设计图纸要求。

12.1.9　交接试验

试验按照 GB 50150—2016《电气装置安装工程　电气设备交接试验标准》的规定。

12.2　施　工　要　点

12.2.1　基础检查及划线

（1）复测基础尺寸、基础标高、预埋件标高，做好偏差记录。

（2）在 GIS 设备基础上，以 B 相断路器横向（宽度方向）中心线为 x 轴基准线、纵向（长度方向）中心线为 y 轴基准线，并依次根据设计图纸和基准线画出其他设备的定位线。

（3）复核预留孔洞、电缆沟预留位置，应与设计图纸一致。

12.2.2　设备开箱检查及保管

（1）检查设备包装、设备外观质量；检查附件、备品备件、专用工器具及专用材料的数量和质量。

（2）检查断路器、套管等单元的三维冲撞记录仪记录情况及其他单元振动指示器的指示情况。

（3）按照产品技术文件要求检查充气运输单元的压力值，并做好记录。

（4）设备开箱检查由监理组织、业主、施工单位、设备厂家、物资代表共同参加并确认签证。

（5）检查充 SF_6 气体（一般为断路器、母线隔离、电压互感器、避雷器气室）的运输单元或现场需要开盖的气室的运输单元预充有 0.01～0.03MPa 的干燥气体，并安装临时 SF_6 表测量预充气体压力值，如发现预充气压不足或零压，应通知制造厂进行处理，避免元件受潮。

12.2.3　安装环境条件

（1）进入防尘室前必须在更衣间内穿戴专用的工作服、帽和鞋。

（2）对带入、带出防尘室的任何物品、工具，进行登记、签字，进入前做好清洁处理。

（3）产品进入防尘室前，应清扫干净其表面的灰尘和污垢。

（4）工作时拉开的搭扣和打开的对接口应及时封好，下班前对防尘室进行保洁。

（5）入口处应设置风淋室，通过风淋室吹去作业人员身上附带的粉尘及其他微粒。

（6）具备完善的防蚊虫设施及措施。

（7）除尘、通风设施齐全有效。

（8）配备温湿度及尘埃粒子测试仪，测试合格后方可安装设备。

12.2.4　设备单元对接安装

（1）将基准断路器单元精准就位及固定，其他单元对接安装按照制造厂的编号和规定的程序进行安装。

（2）安装前对套管、SF_6 密度继电器及压力表、互感器进行试验，按照 GB 50150—2016 的要求。

（3）打开对接单元端盖，清理盆式绝缘子、法兰面、密封槽。检查盆式绝缘子内接等电位线。

（4）检查导体部件镀银质量，测量导体的实际长度，检查导体插入深度。

（5）检查新密封圈外观质量，尺寸是否与对接法兰面匹配，清理并更换密封圈。密封脂涂抹不得流入密封圈内侧与 SF_6 气体接触。

（6）将定位销插入对接法兰面螺栓孔，对角紧固法兰连接螺栓，力矩值符合厂家技术文件要求，并做好标记。对接完成后进行回路电阻测量。

（7）拆下盖板上吸附剂罩，设备端口用防尘罩进行防尘保护，更换吸附剂，更换时间应符合厂家技术文件要求。

（8）采用吊车及厂家提供的专用工装进行套管的安装；套管均压环最低处打排水孔。

（9）对接完成后根据产品技术文件进行回路电阻整体测试，并与出厂值进行对比。

12.2.5　附件安装

（1）按照制造厂编号和规定对基座、支架、巡视平台、导流排、接地排等进行安装。用洁净布对基座、支架组件进行清理，紧固螺栓应达到产品技术文件力矩值要求，并做好标记。通过加垫调整支架表面水平度。

（2）按照气室进行相应 SF$_6$ 密度继电器装配，并加装防雨罩。

（3）气体管路安装前内部使用干燥空气吹管清理；按照气体配管系统图进行气体管路组装。气体管路连接后用支架进行固定，安装工艺美观。

（4）检查伸缩节两侧的固定支撑与基础是否固定牢靠，进行伸缩节调节。检查伸缩节调节后的尺寸是否与产品技术文件要求匹配，紧固伸缩节法兰上的锁紧螺母，并做好记录。

（5）设备支撑就位后点焊固定，耐压试验合格后满焊固定。采用接地铜排与主地网放热焊连接，设备底座、机构箱、爬梯可靠接地，并标识清晰。

（6）所有安装工作结束后，开展全设备补漆及防水处理，并满足产品技术文件要求。

12.2.6　抽真空及注 SF$_6$ 气体

（1）抽真空前检查管路装配是否完好，无漏点。严禁气瓶倒置充气。

（2）真空度、真空保持时间、真空泄漏检测等均要满足产品技术文件要求。

（3）充气使用减压阀，充气时先关闭减压阀，打开气瓶阀门，再慢慢打开减压阀进行 SF$_6$ 充气。

（4）气室抽真空真空度小于 133Pa 开始计时，维持真空泵运转 0.5h 后停泵并与泵隔离，静观 0.5h 后读取真空值 A，再静观 5h 后读取真空值 B，要求 $B-A \leqslant 133Pa$（极限允许值 133Pa）密封良好。否则，检查气室的泄漏点，并处理泄漏缺陷。

（5）充气使用减压阀，充气时先关闭减压阀，打开气瓶阀门，再慢慢打开减压阀进行 SF$_6$ 充气。

（6）抽真空注气前，首次充入 SF$_6$ 气体为微正压，同时对相邻气室抽真空，二次充气为额定压力的半压，检查所有密封面，确认无渗漏，再进行含水量测试，合格后再充至额定压力。相邻气室压差应满足产品技术文件要求。

（7）检测 SF$_6$ 气体含水量在充气后静置 24h 后进行。

12.2.7　设备安装调整

（1）检查断路器操动机构的零部件是否齐全，电动机转向是否正确；各种接触器、继电器、微动开关、压力开关和辅助开关的动作是否准确可靠，接点接触是否良好，有无烧损或锈蚀。

（2）检查分、合闸线圈的铁心动作灵活，无卡阻；控制元件、加热装置的绝缘应良好。

（3）辅助开关安装牢固，无松动变位，辅助开关接点转换灵活、切换可靠、性能稳定。

（4）检查液压机构内液压油的标号是否符合产品的技术规定，液压油洁净有无杂质，油位指示是否正常；连接管路是否密封良好且牢固可靠；液压回路在额定油压时，外观检查无渗油；机构在慢分、合时，工作缸活塞杆的运动应无卡阻和跳动现象，其行程应符合产品的技术规定；微动开关、接触器的动作应准确可靠，接触应良好。

（5）检查隔离开关和接地开关的操动机构零部件齐全，电机转向正确。

（6）机构的分、合闸指示与设备的实际分、合闸位置应相符。限位装置准确可靠，辅助开关应安装牢固并动作准确，接触良好，有防雨措施。

（7）按照产品技术文件要求进行隔离开关和接地开关传动装置的安装调整；定位螺钉按产品的技术要求调整后，并加以固定。

（8）检查"就地、远方"及"电动、手动"等各种闭锁关系应正确。

（9）检查接地开关的接地引下线连接是否牢固可靠。

12.2.8 二次施工

（1）就地控制柜采用化学锚栓或预埋螺栓固定，最后进行柜体接地安装。

（2）汇控柜电缆入口处制作异形支架，先敷设本体至汇控柜电缆，再敷设汇控柜至各小室电缆。

（3）本体至汇控柜电缆一端在汇控柜接地，汇控柜至各小室电缆二端均接地，接地线截面采用不小于 $4mm^2$ 的接地线。

（4）汇控柜入口处电缆 1.5m 处均匀涂刷防火涂料，涂刷厚度为 1mm。

（5）按照设计图纸和产品图纸进行二次接线，核对设计图纸、产品图纸与实际装置是否符合。

12.2.9 GIS 组合电器交接试验

（1）测量绝缘电阻。

（2）测量主回路的导电电阻。

（3）主回路的交流耐压试验。

（4）断路器均压电容试验。

（5）断路器的分、合闸时间。

（6）断路器的分、合闸速度。

（7）断路器主、辅触头分、合闸的同期性及配合时间。

（8）断路器合闸电阻的投入时间及直流电阻；封闭式组合电器内各元件试验；气体密度继电器、压力表和压力动作阀的检查。

12.3 图 片 示 例

成果图片见图 12-1～图 12-12。

图 12-1　基础划线及复测

图 12-2　防尘棚布置

图 12-3　风淋间布置

图 12-4　更衣间布置

图 12－5　法兰面清洁

图 12－6　密封垫圈清洁

图 12－7　GIS 主母线

图 12－8　GIS 分支母线

图 12－9　GIS 抽真空

图 12－10　套管安装

图 12-11 套管临时防护 　　　图 12-12 500kV GIS 成品

12.4 工 艺 效 果

（1）GIS 应安装牢靠、外观清洁，动作性能符合产品技术文件要求。

（2）螺栓紧固力矩达到产品技术文件的要求。

（3）电气连接应可靠、接触良好。

（4）GIS 中的断路器、隔离开关、接地开关及其操动机构的联动应正常、无卡组现象；分、合闸指示应正确；辅助开关及电气闭锁应动作正确、可靠。

（5）密度继电器的报警、闭锁值应符合规定，电气回路传动应正确。

（6）接地应良好，接地标识应清楚。

（7）交接试验应合格。

（8）油漆应完好，相色标志应正确。

13 500kV 电压互感器安装

工艺编号：T-JL-BD-13-2018
编写单位：河北省送变电有限公司
审查单位：国家电网公司交流建设分公司

13.1 工 艺 标 准

13.1.1 施工准备

（1）施工场地布置合理，满足起重机械的作业要求。

（2）设备基础误差、预埋件、预留孔、接地线位置应满足设计图纸及产品技术文件的要求。

（3）设备支架应稳固，顶部水平，垂直度满足规范要求。

13.1.2 开箱检查、试验

（1）设备包装完好、无破损，铭牌标识应完整、清晰，附件应无变形损伤，产品技术文件齐全。

（2）设备应保持直立存放，场地应平整坚实，防止碰撞和机械损伤。

（3）器身油漆颜色符合技术规范书要求，相色正确。

（4）各节组合单元试验合格，试验结果严格与出厂试验报告比对，交接试验合格，应符合 GB 50150—2016《电气装置安装工程　电气设备交接试验标准》的规定。

13.1.3 本体安装

（1）安装前检查：二次接线板应完整，引线端子应连接牢固，绝缘良好，标志清晰，接线盒密封良好；油位指示器、瓷套法兰连接处以及放油阀无漏油。

（2）分单元组装应按照设备组件编号进行，组装前按交接试验完成相应的试验项目。

（3）互感器单元安装垂直度应符合规范及产品技术文件要求，并列互感器三相中心线应在同一直线上。同一组互感器的极性方向一致。

（4）设备的吊点选择、吊装方法应按照产品技术说明书进行。

（5）电容式套管末屏可靠接地，电容式电压互感器的套管末屏、电压互感器的 N 端、二次备用绕组一端应可靠接地。

（6）均压环安装应无划痕、毛刺，安装牢固、平整、无变形。

13.1.4 电缆敷设及二次接线

（1）电缆敷设美观，二次接线板应完整，引线端子应连接牢固，绝缘良好，标志清晰，接线盒密封良好。

（2）二次接线正确，绕组极性正确。

（3）二次绕组端子禁止开路。

（4）二次安装符合 GB 50171—2012《电气装置安装工程　盘、柜及二次回路结线施工及验收规范》的规定。

13.2 施 工 要 点

13.2.1 施工准备

（1）检查场地平整、清洁，满足现场安装条件。

（2）复核基础尺寸、预埋件、预留孔、接地线位置，应与设计图纸一致。

（3）复核设备支架顶部安装孔距与设备相符，检查支架垂直度、顶面平整度符合规范要求。

13.2.2 设备开箱检查、试验

（1）检查外观完整，无锈蚀和机械损伤。

（2）检查互感器油位正常，密封严密，无渗油现象。

（3）检查互感器的变比分接头的位置和极性与设计一致。

（4）根据施工现场布置图及安装位置进行临时放置，设备及瓷件应安放稳妥。

（5）互感器安装前应完成绕组的绝缘电阻、介质损耗角正切值 tanθ、绕组

的直流电阻试验、误差测量、绝缘介质性能试验、接线组别和极性、局部放电试验、交流耐压试验等交接试验。

13.2.3 本体吊装

（1）检查设备整体密封良好，油位指示正常。

（2）电容式电压互感器必须根据产品成套供应的组件编号进行安装，不得互换，法兰间连接可靠（部分产品法兰间有连接线）。

（3）先安装电磁单元油箱，利用厂家专用起吊孔吊装。分节吊运，不可叠装后整体起吊，不可用互感器的瓷裙起吊。安装过程中，使用高空作业车配合施工人员登高作业。

（4）对电容式电压互感器具有保护间隙的，应根据出厂技术文件要求检查并调整。

（5）螺栓紧固时应对称均匀紧固。所有安装螺栓力矩值符合产品技术文件要求。

（6）使用砂纸将均压环表面进行整体打磨、抛光，采用目测及触摸的方法，检查表面光滑度。安装过程中，采用包裹保护措施，避免吊装过程中划伤均压环。

（7）均压环在地面完成与最上节互感器单元连接，随最上节互感器单元整体吊装。

（8）在均压环最低点打排水孔。

（9）依据设计图纸确定设备瓷套上方接线板的方向，以防装错。

（10）设备本体外壳接地采用双根接地线与设备杆专用端子连接，工艺美观，牢固。

13.2.4 电缆敷设及二次接线

（1）至互感器的电缆应穿镀锌钢管保护，镀锌钢管露出地面部分排列整齐，垂直。

（2）电缆管固定牢靠、工艺美观，并可靠接地。电缆管焊接固定在电缆敷设前完成。

（3）电缆管直接与互感器二次接线盒连接时，管口进行钝化处理，避免损伤电缆绝缘层。电缆管无法直接与互感器二次接线盒连接时，电缆管末端至设备接线盒电缆应当穿金属软管，并使用专用接头。

（4）绕组二次接线牢固可靠，电缆屏蔽层接地在端子箱侧单侧接地。

13.3 图片示例

成果图片见图 13-1～图 13-4。

图 13-1 电压互感器安装（一）

图 13-2 电压互感器安装（二）

图 13-3 电压互感器成品（一）

图 13-4 电压互感器成品（二）

13.4 工艺效果

（1）设备外观完整，无锈蚀和机械损伤。

（2）互感器应无渗漏，油位、气压、密度应符合产品技术文件的要求。

（3）油漆应完整，相色应正确。

（4）接地应牢固、可靠。

（5）对电容式电压互感器具有保护间隙的，保护间隙应符合设计要求。

500kV 避雷器安装

工艺编号：T-JL-BD-14-2018
编写单位：河北省送变电有限公司
审查单位：国家电网公司交流建设分公司

14.1 工 艺 标 准

14.1.1　施工准备

（1）施工场地布置合理，满足起重机械的作业要求。

（2）设备基础误差、预埋件、预留孔、接地线位置应满足设计图纸及产品技术文件的要求。

（3）设备支架应稳固，顶部水平、垂直度满足规范要求。

（4）设备支架预留接地位置正确，预留安装避雷器监测仪位置方向正确。

14.1.2　设备开箱检查、试验

（1）设备外观应完好，瓷套无裂纹、损伤，铭牌标识完整、清晰，附件无变形损伤，产品技术文件齐全。均压环表面无毛刺、划痕。

（2）设备型号参数、数量符合设计要求。

（3）设备应保持直立存放，场地应平整坚实，防止碰撞和机械损伤。

（4）各节组合单元试验结果应满足 GB 50150—2016《电气装置安装工程　电气设备交接试验标准》的规定。底座绝缘良好。

14.1.3　避雷器组件安装

（1）避雷器元件应按制造厂编号进行安装。

（2）并列安装的避雷器三相中心线应在同一直线上，相间中心距离允许偏差为 10mm。铭牌应位于易于观察的一侧，标识应完整、清晰。压力释放口方

向合理。

（3）各连接处金属接触面应清洁、无金属氧化膜和油漆，导通良好。所有连接螺栓齐全，紧固。力矩值符合产品技术文件的要求。

（4）避雷器垂直度应符合规范及产品技术文件的要求。

（5）设备的吊点选择、吊装方法应按照产品技术说明书进行。

（6）设备接线端子接触面应平整、清洁、无氧化膜、无凹陷及毛刺，并涂以薄层电力复合脂。连接螺栓齐全、紧固，紧固力矩应符合现行国家标准 GB 50149—2010《电气装置安装工程 母线装置施工及验收规范》的规定。

14.1.4　均压环安装

（1）均压环应无划痕、毛刺，安装应牢固、平整、无变形。

（2）均压环宜在最低处对端打 2 个 $\phi 8$mm 泄水孔。

14.1.5　在线监测仪安装

（1）监测仪应密封良好，动作可靠，接地应牢固、可靠。

（2）监测仪指示应一致，朝向和高度应便于值班人员巡视。

14.2　施　工　要　点

14.2.1　施工准备

（1）检查场地平整、清洁，满足现场安装条件。

（2）复核基础尺寸、预埋件、预留孔、接地线位置，应与设计图纸一致。

（3）复核设备支架顶部安装孔距与设备相符，检查支架垂直度、顶面平整度符合规范要求。

14.2.2　设备现场保管及开箱检查、试验

（1）检查设备包装完好无损，规格型号符合设计要求。

（2）检查瓷套外观无裂纹、损伤，泄水孔畅通。瓷套与铁法兰间的粘合牢固，各相关配件齐全。

（3）检查金属法兰结合面应平整，无外伤或铸造砂眼，法兰泄水孔应通畅。

（4）安装前应完成金属氧化物避雷器及基座绝缘电阻、金属氧化物避雷器

的工频参考电压和持续电流、金属氧化物避雷器直流参考电压和 0.75 倍直流参考电压下的泄漏电流、检查放电计数器动作情况及监视电流变指示、工频放电电压试验等交接试验项目。

14.2.3　避雷器组件安装

（1）按照产品成套供应的组件编号进行组装，不得互换；组装前进行绝缘电阻测量及泄漏电流试验。各组件连接处的接触面，应除去氧化层，并涂以电力复合脂。

（2）每节吊装完成后，使用水平尺测量其上表面水平度，满足规范要求。

（3）检查并列安装避雷器三相中心线是否在同一直线上。在避雷器纵横两条轴线上分别设置经纬仪，观测其垂直度，适当调整，确保其垂直。

（4）避雷器压力释放口方向不得朝向巡检通道，排出的气体不致引起相间闪络，并不得喷及其他电气设备。铭牌位于易于观察的一侧，标识清晰，完整。

（5）按制造厂规定的吊点自下而上逐节吊装。

（6）避雷器顶部一次接线端子安装方向应符合设计要求。

14.2.4　均压环安装

（1）使用砂纸将均压环表面进行整体打磨、抛光，采用目测及触摸的方法，检查表面光滑度。安装过程中，采用包裹保护措施，避免吊装过程中划伤均压环。

（2）均压环在地面完成与最上节单元连接，随最上节单元整体吊装。

（3）在均压环最低点打排水孔。

14.2.5　在线监测仪安装

（1）监测仪密封良好，动作可靠。安装位置一致，便于观察。计数器三相应调至同一值或归零。

（2）监测仪器身直接与主地网可靠连接；监测仪与避雷器连接导体超过 1m 时应设置绝缘支柱支撑，硬母线与放电计数器连接处应增加伸缩措施。

14.3　图　片　示　例

成果图片见图 14-1～图 14-4。

图 14-1 避雷器组装

图 14-2 避雷器吊装

图 14-3 避雷器安装

图 14-4 避雷器成品

14.4 工 艺 效 果

（1）避雷器密封应良好，外表完整无缺损。

（2）避雷器应安装牢固，其垂直度应符合产品技术文件要求，均压环水平。

（3）放电计数器和在线监测装置密封良好，绝缘垫及接地良好、牢固。

（4）油漆应完整、相色正确。

（5）交接试验应合格。

（6）产品有压力监测要求时，压力监测合格。

15 110kV GIS 设备安装

工艺编号：T-JL-BD-15-2018
编写单位：河北省送变电有限公司
审查单位：河南送变电建设有限公司

15.1 工 艺 标 准

15.1.1 基础检查及划线

（1）基础标高误差、基础尺寸应符合设计图纸及产品技术规范要求。

（2）GIS 混凝土基础强度符合安装要求，基础表面清洁干净。

15.1.2 开箱检查

（1）依据装箱清单、订货合同进行检查。三维冲击加速度值不大于 3g，充气体运输单元，充气压力应符合产品技术文件要求。

（2）出厂证件及技术资料齐全。

15.1.3 本体安装

（1）设备本体与基础轴线中心的控制偏差应符合厂家技术文件要求。

（2）盆式绝缘子、法兰面及密封槽表面应光滑平整、无受潮、无毛刺、无损伤。新密封垫无损伤，材质满足标准要求。

（3）导电部件镀银状态良好，表面光滑、无脱落。

（4）连接插件的触头中心应对准插口，不得卡阻，导体插入深度应符合产品技术文件要求。

（5）回路电阻测量电流值不应小于 100A；螺栓紧固力矩值应满足制造厂技术文件要求。

（6）吸附剂包装无破损、无受潮，吸附剂从密封装置中取出到装入设备的过程不应超过 30min。吸附剂更换应在空气相对湿度小于 80%的环境下进行。

（7）套管的吊点选择、吊装方法应按照产品技术说明书进行。

15.1.4   设备接地及标识安装

（1）电气接地可靠，且接触良好。

（2）支架及接地线应无锈蚀和损伤，接地应良好。

（3）气室隔断标识完整、清晰。

（4）GIS 的外套筒法兰连接处应考虑做可靠跨接。若不做，厂家应提供型式试验数据及预留窗口进行特高频局放检测。

15.1.5   电缆敷设及二次接线

（1）箱、柜门关闭应严密，内部应干燥清洁，并应有通风和防潮措施，接地应良好。液压机构还应有隔热防塞措施。

（2）控制和信号回路应正确，并符合现行标准 GB 50171—2012《电气装置安装工程 盘柜及二次回路结线施工及验收规范》的有关规定。

15.1.6   真空处理、注 SF_6 气体

（1）充注前，充气设备及管路应洁净、无水分、无油污，管路连接部分应无泄漏。

（2）抽真空过程中禁止进行主回路电阻测试工作。

（3）SF_6 气体现场进行抽样做全分析试验，每瓶做微水试验，注完后的 SF_6 做纯度试验。

（4）充气过程中相邻气室压差不大于 0.3MPa。

（5）充入断路器气室内气体含水量应小于 150μL/L，其他气室含水量小于 250μL/L，并符合现行国家标准 GB 50150—2016《电气装置安装工程 电气设备交接试验标准》的有关规定。

15.1.7   密封检漏试验及微水检测

（1）设备内 SF_6 气体漏气率应符合规范和产品技术要求。

（2）SF_6 气体含水量标准：20℃环境下，有电弧分解物的隔室小于等于 150μL/L，无电解分解物的隔室小于等于 250μL/L，必须在充气至额定气体压力

下不应小于 24h 后进行试验，且空气相对湿度不大于 85%。

15.1.8　设备调整

（1）组合电器及其传动机构的联动正常，无卡阻现象，分、合闸指示正确，辅助开关及电气闭锁动作正确可靠。

（2）SF_6 封闭式组合电器试验按照 GB 50150—2016 的有关规定进行。

15.1.9　交接试验

试验按照 GB 50150—2016 执行。

15.2　施　工　要　点

15.2.1　基础检查及划线

（1）核查 GIS 混凝土基础强度试验报告。

（2）依据施工设计图，使用卷尺进行基础尺寸检查、接地点和支架焊接点的位置检查，并记录测量数据。使用经纬仪及钢板尺检查基础水平高度并记录。

（3）依据施工设计图及制造厂提供的地基图检查地基：地基外形、电缆沟开口方向、本体接地预埋件位置，汇控柜基础位置等。

（4）用水平仪复测各间隔基础预埋件平整度、平行预埋件直线度，最终测得的水平误差。

15.2.2　设备开箱检查

（1）检查断路器、套管等单元带有的运输振动记录仪的记录情况。

（2）检查箱式包装部品完整有无拆解；所有元件、附件、备件及专用工具是否齐全，应无损伤、变形及锈蚀；瓷件及绝缘件有无裂纹及破损。

（3）充 SF_6 气体的运输单元或现场需要开盖的气室，如发现预充气压不足或零压，及时通知制造厂进行处理。

（4）到货的密度继电器送至有资质试验单位进行校验，动作值符合产品技术文件规定。

15.2.3　户外 GIS 防尘棚的搭设

（1）进入防尘棚前必须在更衣间内穿戴专用的工作服、帽和鞋。

（2）对带入防尘棚的任何物品、工具，进入前做好清洁处理。

（3）产品进入防尘棚前，清扫干净其表面的灰尘和污垢。

（4）对所有带入防尘棚的物品、工具进行登记。每次带出的工具、物品，进行登记。

（5）工作时拉开的搭扣和打开的对接口及时封好，每天下班前对防尘棚进行保洁。

（6）配备齐全有效的除尘、通风设施，配备完善的防蚊虫设施及措施。

（7）配备温湿度及尘埃粒子测试仪，每天测试合格后方可安装。

15.2.4　本体安装

（1）将本体就位及固定，按照制造厂的编号和规定的程序进行安装。

（2）安装前对 SF_6 密度继电器及压力表、互感器进行试验，按照 GB 50150—2016 的要求。

（3）清理盆式绝缘子、法兰面、密封槽。

（4）检查导体部件镀银质量；测量导体的实际长度；检查导体插入深度。

（5）检查新密封圈外观质量，尺寸是否与对接法兰面匹配，清理并更换密封圈。密封脂涂抹不得流入密封圈内侧与 SF_6 气体接触。

（6）将定位销插入对接法兰面螺栓孔，对角紧固法兰连接螺栓，力矩值符合厂家技术文件要求，并做好标记。对接完成后进行回路电阻测量。

（7）拆下盖板上吸附剂罩，设备端口用防尘罩进行防尘保护，更换吸附剂，更换时间符合厂家技术文件要求。

（8）采用吊车及厂家提供的专用工装进行套管的安装。

15.2.5　设备接地及标识安装

（1）GIS 设备的各配电间隔相同部位的接地铜排制作形状相同，并符合接地规范。

（2）接地线与 GIS 接地母线采用螺栓连接方式。

15.2.6　电缆敷设及二次接线

（1）设备上的电缆通过电缆槽盒及金属软管敷设。

（2）电缆排列整齐、美观，所有的电缆都不允许有中间接头。

（3）按照设计图纸和产品图纸进行二次接线。

（4）电缆热缩头长短一致，并固定高度一致。

15.2.7　真空处理、注 SF_6 气体

（1）抽真空前检查管路装配是否完好，无漏点。

（2）气室抽真空真空度小于 133Pa 开始计时，维持真空泵运转 0.5h 后停泵并与泵隔离，静观 0.5h 后读取真空值 A，再静观 5h 后读取真空值 B，要求 $B-A \leqslant 133Pa$、密封良好。否则，检查气室的泄漏点，并处理泄漏缺陷。

（3）充气使用减压阀，管路连接前使用 SF_6 吹拂管路 5s，充气时先关闭减压阀，打开气瓶阀门，再慢慢打开减压阀进行 SF_6 充气。

（4）首次充入 SF_6 气体至 0.25MPa 时，检查所有密封面，确认无渗漏，再充至略高于额定工作压力，便于抽气样试验。充气结束后将充气口密封。

（5）检测 SF_6 气体含水量在充气后静置 24h 后进行。

（6）密封检漏采用定性检漏和定量检漏，定性检漏用检漏仪和肥皂泡沫进行，定量检漏采用包扎法，对经过定性检漏发现漏气率超标的部位做定量检漏。

15.2.8　设备调整

（1）检查断路器操动机构的零部件是否齐全，电动机转向是否正确；各种接触器、继电器、微动开关、压力开关和辅助开关的动作准确可靠，接点接触良好，应无烧损或锈蚀。

（2）检查分、合闸线圈的铁心动作灵活，无卡阻；控制元件、加热装置的绝缘良好。

（3）辅助开关安装牢固，无松动变位。辅助开关接点转换灵活、切换可靠、性能稳定。

（4）检查隔离开关和接地开关的操动机构零部件齐全，电机转向正确。

（5）机构的分、合闸指示与设备的实际分、合闸位置相符。限位装置准确可靠，辅助开关安装牢固，并动作准确，接触良好，有防雨措施。

（6）按照产品技术文件要求进行隔离开关和接地开关传动装置的安装调整。定位螺钉按产品的技术要求调整后，并加以固定。

（7）检查密度继电器的报警、闭锁值是否符合规定，电气回路传动是否正确。

（8）闭锁检查："就地、远方"及"电动、手动"等各种闭锁关系是否正确。

15.2.9　交接试验

（1）封闭式组合电器内各元件的试验。

（2）密封性试验。

（3）测量 SF_6 气体水含量。

（4）测量主回路的导电电阻。

（5）主回路的交流耐压试验。

（6）组合电器的操动试验。

（7）气体密度继电器、压力表和压力动作阀的检查。

15.3　图　片　示　例

成果图片见图 15-1 和图 15-2。

图 15-1　110kV GIS 设备安装　　　图 15-2　110kV GIS 设备分支
　　　　　　　　　　　　　　　　　　　　　　母线安装

15.4 工 艺 效 果

（1）GIS 安装牢靠、外观清洁，动作性能符合产品技术文件要求。

（2）螺栓紧固力矩达到产品技术文件的要求。

（3）电气连接应可靠、接触良好。

（4）GIS 中的断路器、隔离开关及其操动机构的联动正常、无卡阻现象；分、合闸指示应正确；辅助开关及电气闭锁动作正确、可靠。

（5）密度继电器的报警、闭锁值符合规定，电气回路传动应正确。

（6）接地应良好，接地标识应清楚。

16 110kV 断路器安装

工艺编号：T-JL-BD-16-2018

编写单位：河北省送变电有限公司

审查单位：河南送变电建设有限公司

16.1 工 艺 标 准

16.1.1 施工准备

（1）施工场地布置合理，满足起重机械的作业要求。

（2）设备基础误差、预埋螺栓、接地线位置应满足设计图纸及产品技术文件的要求。

（3）地脚螺栓高出基础顶面长度应符合设计和制造厂要求，长度一致。

16.1.2 开箱检查

（1）产品技术文件齐全、设备参数与设计图纸相符。

（2）包装完整、元件、附件齐全，无损伤、变形及锈蚀。

（3）SF_6 气体现场进行抽样做全分析试验，每瓶测量微水。

（4）气室预充压力满足产品技术文件要求。

16.1.3 支架及机构安装

断路器的固定应符合产品技术文件要求且牢固可靠。

16.1.4 本体安装

（1）按制造厂的部件编号组装，不得混装。

（2）所有螺栓紧固力矩值符合产品的技术规定。

16.1.5 注气、补气

（1）检测气室内 SF_6 气体水分含量，合格直接补充至额定压力。

（2）连接前使用 SF_6 吹拂管路 5s。

（3）充入断路器气室内气体含水量符合 GB 50150—2016《电气装置安装工程 电气设备交接试验标准》的有关规定。

（4）充气略高于额定气压。

16.1.6 密封检查及微水检测

（1）漏气率以 24h 漏气量换算，每一个气室年漏气率不大于 0.5%。

（2）SF_6 气体含水量及密封检查必须在充气至额定压力下，不小于 24h 后进行，且空气相对湿度不大于 85%。

16.1.7 断路器调整

（1）操动机构零部件齐全，电动机转向应正确；各接触器、继电器、微动开关、压力开关动作准确可靠，接点接触良好，无烧损；分合闸线圈铁心动作灵活、无卡阻。

（2）辅助开关安装牢固；辅助开关接点转换灵活、切换可靠、性能稳定；辅助开关与机构间的连接应松紧适当、转换灵活。

（3）弹簧操动机构弹簧储能正常，指示清晰，缓冲装置可靠。

16.1.8 电缆敷设及二次接线

（1）电缆排列整齐、美观，所有的电缆都不允许有中间接头。

（2）二次接线正确，工艺美观、绝缘良好、标志清晰，接线盒密封良好。端子排里外芯线弧度对称一致。

（3）电缆热缩头长短一致，固定高度一致。

（4）二次安装符合 GB 50171—2012《电气装置安装工程 盘、柜及二次回路结线施工及验收规范》的要求。

16.1.9 接地施工

（1）设备支架直接与主地网连接。

（2）设备支架两根接地引下线应分别与主接地网不同干线连接。

（3）接地线采用黄绿接地标识，接地标识宽度为 15～100mm。

16.1.10 交接试验

试验结果应满足 GB 50150—2016 的要求。

16.2 施 工 要 点

16.2.1 施工准备

使用经纬仪、水准仪对断路器基础中心距离误差、高度误差测量，校核预埋地脚螺栓高度、中心距离误差。

16.2.2 设备开箱检查

（1）依据装箱清单、设备采购合同，检查产品技术文件齐全、设备参数与设计图纸相符。

（2）检查包装完好，瓷件无破损。

（3）SF_6 气体、密度继电器及压力表按要求送检。

（4）检查气室预充压力，如发现异常气压不足或零压，及时处理，避免元件受潮。

16.2.3 支架及机构安装

（1）安装前确定机构方向，便于运行巡视。

（2）支架安装完毕后利用水平尺进行垂直度、水平度检测。

（3）底座先固定底部螺母及垫片，安装支架，检测安装误差，紧固上部螺母。

16.2.4 本体安装

（1）根据产品的连杆方向确定本体的安装方向，根据产品的就位相序编号吊装到支架上。

（2）门型式支架断路器安装。

1）先安装 B 相柱体，再安装其他两相。

2）拆除横梁框架法兰上的防护盖板；利用产品专用吊具、吊点，竖直本体；先预紧螺母，最后对称紧固所有螺母。

3）连接 B 相本体拐臂与机构输出连杆相连，穿入轴销，锁紧挡圈，连接水平拉杆。

16.2.5　注气、补气

（1）检测气室内 SF_6 气体水分含量，合格直接补充至额定压力。

（2）气体管路连接：将 SF_6 气瓶与管路连接前，打开 SF_6 气源的阀门，调节减压阀使输出气压不小于 0.5MPa。使用 SF_6 吹拂充气管路 5s，使用擦拭纸蘸酒精擦拭气管的充气接头，清理接头内腔螺纹牙扣，紧固管路螺丝时 SF_6 气源的阀门处于打开状态，保持 SF_6 气体排出。

（3）注气：调节减压阀使输出气压不小于 0.5MPa，通过气室的表计监测气室气压，到达额定气压时立即停止充气。

（4）按产品技术文件要求涂抹防水胶。

16.2.6　密封检查及微水检测

（1）采用保鲜膜将断路器所有的对接口（包括密度继电器、充气口等）包扎严密。

（2）包扎严密后 24h，进行密封检查。

（3）在充气三通接头处进行微水检测。

16.2.7　断路器调整

（1）检查操动机构零部件，电动机转向，各接触器、继电器、微动开关、压力开关的动作可靠。

（2）检查辅助开关接点，辅助开关与机构间的连接可靠。

16.2.8　电缆敷设及二次接线

（1）电缆不外露，电缆管固定牢靠、美观，并可靠接地。

（2）接线盒内二次接线正确，标识清晰。

16.2.9　接地施工

（1）接地排焊接部位在地面以下并刷沥青漆。

（2）接地地面以上部分应采用黄绿接地标识，间隔宽度、顺序一致，最上面一道为黄色。

（3）设备支架两根接地引下线分别与主接地网不同干线连接。

16.2.10　交接试验

（1）测量绝缘电阻。

（2）测量回路的导电电阻。

（3）交流耐压试验。

（4）断路器的分、合闸时间。

（5）断路器的分、合闸速度。

（6）断路器主、辅触头分、合闸的同期性及配合时间。

（7）断路器合闸电阻的投入时间及直流电阻。

（8）气体密度继电器、压力表和压力动作阀的检查。

16.3　图　片　示　例

成果图片见图 16-1 和图 16-2。

图 16-1　支架及机构安装

图 16-2　柱体安装

16.4　工　艺　效　果

（1）断路器固定牢靠，外表面清洁完整。动作性能应符合产品技术文件要求。

（2）断路器及其操动机构的联动正常，无卡阻现象；分、合闸指示正确；辅助开关动作正确可靠。

（3）瓷套完整无损，表面清洁。

（4）接地良好，接地标识清楚。

17 110kV 隔离开关安装

工艺编号：T-JL-BD-17-2018
编写单位：河北省送变电有限公司
审查单位：河南送变电建设有限公司

17.1 工 艺 标 准

17.1.1 施工准备

（1）检查场地平整、清洁，满足现场安装条件。

（2）复核基础尺寸、预埋件、预留孔、接地线位置，应与设计图纸一致。

（3）复核设备支架顶部安装孔距与设备相符，检查支架垂直度、顶面平整度符合规范要求。

（4）设备支架预留接地位置正确。

17.1.2 开箱检验

（1）以装箱清单、技术协议为依据进行检查。

（2）箱式包装部品应完整无拆解；所有元件、附件应齐全，应无损伤、变形及锈蚀；瓷件及绝缘件应无裂纹及破损。

（3）接线端子应清洁、平整。

17.1.3 本体安装

（1）设备底座连接螺栓应紧固，同相绝缘子支柱中心线应在同一垂直平面内，同组隔离开关应在同一直线上，偏差≤5mm。

（2）所有安装螺栓力矩值符合产品技术文件要求。

17.1.4　机构安装

操动机构安装牢固，固定支架工艺美观，机构轴线与底座轴线重合，偏差≤1mm。

17.1.5　隔离开关调整

（1）操动机构、传动装置、辅助开关及闭锁装置安装牢固，动作灵活可靠，位置指示正确。轴承、连杆及拐臂等传动部件机械运动顺滑，转动齿轮应咬合准确。

（2）隔离开关过死点，动、静触头相对位置，备用行程及动触头状态，应符合产品技术文件要求。

（3）电动机的转向应正确，机构的分、合闸指示应与设备的实际分、合闸位置相符。

（4）合闸三相同期值应符合产品技术文件规定。

（5）接地连接可靠、导通良好，接地线地面以上部分应采用黄绿接地标识，间隔宽度、顺序一致，最上面一道为黄色，接地标识宽度为15～100mm。

17.1.6　电缆敷设及二次接线

电缆敷设美观，二次接线板应完整，绝缘良好，标志清晰，接线盒密封良好，二次接线正确。

17.1.7　交接试验

试验按照 GB 50150—2016《电气装置安装工程　电气设备交接试验标准》执行。

17.2　施　工　要　点

17.2.1　施工准备

（1）隔离开关支架安装前，对基础杯底标高误差、杯口综合轴线误差进行测量。

（2）支架组立过程控制杆头件方向，与隔离开关安装后底部安装孔位置保持一致，支架找正。

17.2.2 开箱检验

（1）到货开箱检查需要由业主单位、监理单位、制造厂、施工单位、物资公司等单位参加。

（2）检查箱式包装部品、元件、瓷件及绝缘件；出厂证明文件及技术资料应齐全。

（3）安装前进行超声波测试瓷瓶和触头镀银层检测，利用线绳测量瓷瓶爬距。

（4）导电部分软连接，可靠、无折损。

17.2.3 本体安装

（1）隔离地开关底座、绝缘子支柱、顶部动触头及地刀静触头整体组装，组装过程隔离开关拐臂处于分闸状态；检查处理导电部分连接部件的接触面，清洁后涂以复合电力脂连接；触头接触氧化物清洁光滑后涂上薄层中性凡士林油。

（2）紧固所有组装螺栓，并进行扭矩检测；隔离开关底座自带可调节螺栓，将其调整至设计图纸要求尺寸；依据设计图纸确定底座主刀与地刀方向，就位找正后紧固螺栓。

17.2.4 机构安装

（1）用盒尺从钢杆顶部向下测量出机构手柄中心孔的高度，用线坠从刀闸操作轴垂直向下量出机构主轴位置。

（2）将操动机构用加工好的机构铁板和槽钢焊接在钢杆上，或使用支架上所带的固定位置安装机构。利用调节螺栓调整机构位置，并安装垂直连杆。

17.2.5 隔离开关调整

（1）隔离开关转轴上的扭力弹簧或其他拉伸式弹簧调整到操作力矩最小，并加以固定。

（2）紧固隔离开关、接地开关垂直连杆与隔离开关、机构间连接部分；轴承、连杆及拐臂等传动部件调整。

（3）定位螺钉应按产品的技术要求进行调整，并加以固定。

（4）所有传动部分涂以适合当地气候条件的润滑脂。

（5）电动操作前，先进行多次手动分、合闸。电动操作时，观测机构动作平稳，无卡阻、冲击异常声响等情况。

（6）隔离开关底座与支架用接地线可靠连接。

（7）刀闸回路电阻试验，测量完毕应与出厂数据进行比较。

（8）隔离开关支架两点接地，其两根接地引下线分别与主接地网不同干线连接。

（9）隔离开关垂直拉杆主刀粘贴或涂刷红色标识，地刀粘贴或涂刷黑色标识。

17.2.6　电缆敷设及二次接线

（1）至机构的电缆穿镀锌钢管进行保护，电缆管末端至设备接线盒电缆穿金属软管进行保护；电缆管固定牢靠、美观，并可靠接地。

（2）按照图纸及厂家技术文件，进行机构内二次接线。

17.2.7　交接试验

（1）测量绝缘电阻。

（2）测量导电电阻。

（3）回路电阻试验。

17.3　图　片　示　例

成果图片见图 17-1 和图 17-2。

图 17-1　隔离开关安装

图 17-2 隔离开关机构安装

17.4 工 艺 效 果

（1）操动机构、传动装置及闭锁装置安装牢固、动作灵活可靠、位置指示正确。

（2）合闸时，三相不同期值，符合产品技术文件要求。

（3）相间距及分闸时触头打开角度和距离，符合产品技术文件要求。

（4）触头接触紧密良好，接触尺寸符合产品技术文件要求。

（5）隔离开关分合闸限位正确，垂直连杆无扭曲变形。

（6）螺栓紧固力矩达到产品技术文件和相关标准要求。

18 110kV 电流、电压互感器安装

工艺编号：T-JL-BD-18-2018
编写单位：河北省送变电有限公司
审查单位：河南送变电建设有限公司

18.1 工 艺 标 准

18.1.1 施工准备

（1）施工场地布置合理，满足起重机械的作业要求。

（2）设备基础误差、预埋件、预留孔、接地线位置应满足设计图纸及产品技术文件的要求。

（3）设备支架应稳固，顶部水平，垂直度满足规范要求。

18.1.2 开箱检查、试验

（1）设备外观清洁，铭牌标识完整、清晰，底座固定牢靠，受力均匀。

（2）试验合格，试验结果严格与出厂试验报告比对，交接试验合格，应符合 GB 50150—2016《电气装置安装工程 电气设备交接试验标准》的要求。

18.1.3 互感器安装

（1）安装前检查：二次接线板应完整，引线端子应连接牢固，绝缘良好，标识清晰，接线盒密封应良好；油位指示器、瓷套法兰连接处以及放油阀应无漏油。

（2）设备安装垂直误差≤1.5mm/m；电气连接牢固可靠，符合产品技术文件要求。

（3）油浸式互感器绝缘油指标符合规程和产品技术文件要求。

（4）电容式套管末屏可靠接地；电流互感器备用绕组短接可靠并接地，电容式电压互感器的套管末屏、电压互感器的 N 端、二次备用绕组一端应可靠接地。支架接地引下线与接地网两处可靠连接，本体接地点应与设备支架可靠连接。

（5）所有紧固螺栓力矩值应符合产品技术文件要求。

（6）接地标识相色标识正确、美观，间隔宽度、顺序一致，最上面一道为黄色，接地标识宽度为 15～100mm。

18.1.4 电缆敷设及二次接线

（1）电缆敷设美观，二次接线板应完整，引线端子应连接牢固，绝缘良好，标志清晰，接线盒密封良好。

（2）二次接线正确，绕组极性正确。

（3）二次安装符合 GB 50171—2012《电气装置安装工程 盘、柜及二次回路结线施工及验收规范》的要求。

18.1.5 交接试验

试验结果应满足 GB 50150—2016 的要求。

18.2 施 工 要 点

18.2.1 设备支架复测

（1）支架组立前对基础杯底标高、基础面轴线进行复测。

（2）组立支架后找正过程要控制支架垂直度偏差和轴线偏差，灌浆后对支架垂直度偏差和轴线偏差进行复测。

（3）控制支架杆头件不允许歪斜，底座螺孔位置保持一致。

18.2.2 设备开箱检查、试验

（1）检查外观完整，应无锈蚀和机械损伤。

（2）检查互感器油位正常，密封严密，无渗油现象。

（3）检查互感器的变比分接头的位置和极性与设计图纸一致。

（4）根据施工现场布置图及安装位置进行临时放置，设备及瓷件应安放

稳妥。

（5）互感器安装前应完成 GB 50150—2016 规定的试验项目。

18.2.3　互感器安装

（1）安装前根据图纸确定安装位置，确定其接线端子的方向，再进行安装。

（2）检查油浸式互感器无渗漏，油位正常并指示清晰，安装朝向便于巡视的一侧。检查隔膜式储油柜的隔膜完好，顶盖螺栓应齐全、紧固。

（3）油浸式互感器取油做油化实验，试验合格后方可安装。

（4）紧固安装螺栓。

（5）设备本体外壳接地采用双根接地线与设备支架专用端子连接。

（6）根据安装位置粘贴或涂刷相色标识，互感器本体及支架接地，接地线地面以上部分采用黄绿接地标识。

18.2.4　电缆敷设及二次接线

（1）电缆穿镀锌钢管保护，电缆管末端至设备接线盒电缆穿金属软管；电缆管固定牢靠、美观，并可靠接地。

（2）互感器接线盒内二次接线正确，标识清晰。

18.2.5　交接试验

（1）测量绕组的绝缘电阻。

（2）测量介质损耗角正切值 $\tan\theta$。

（3）局部放电试验。

（4）交流耐压试验。

（5）绝缘介质性能试验。

（6）测量绕组的直流电阻试验。

（7）误差及变比测量。

18.3　图　片　示　例

成果图片见图 18-1。

图 18-1 电压互感器安装

18.4 工 艺 效 果

（1）互感器无渗漏，油位、气压、密度符合产品技术文件的要求。

（2）设备外观完整，无锈蚀和机械损伤。

（3）电容式电压互感器具有保护间隙的，保护间隙符合设计要求。

（4）油漆完整，相色正确；接地应牢固、可靠。

（5）交接试验合格。

19 110kV 支柱绝缘子安装

工艺编号：T－JL－BD－19－2018

编写单位：河北省送变电有限公司

审查单位：河南送变电建设有限公司

19.1 工 艺 标 准

19.1.1 施工准备

（1）施工场地布置合理，满足起重机械的作业要求。

（2）设备基础误差、预埋件、预留孔、接地线位置应满足设计图纸及产品技术文件的要求。

（3）设备支架应稳固，垂直度满足规范要求。

19.1.2 设备开箱检查、试验

（1）设备外观清洁，铭牌标识完整、清晰。

（2）交接试验符合 GB 50150—2016《电气装置安装工程　电气设备交接试验标准》要求。

19.1.3 支柱绝缘子安装

（1）铭牌应位于易于观察的一侧，标识应完整、清晰。

（2）底座固定牢靠，受力均匀。

（3）垂直误差≤1.5mm/m，底座水平度误差≤2mm，母线直线段内各支柱绝缘子中心线误差≤5mm。

19.1.4 接地施工

底座与接地网连接牢固，导通良好，接地线应排列整齐，方向一致。

19.1.5 交接试验

试验结果应满足 GB 50150—2016 的要求。

19.2 施 工 要 点

19.2.1 设备支架复测

（1）绝缘子支架安装前，对基础杯底标高误差、杯口轴线误差进行测量。

（2）支架组立过程，控制杆头件方向，支架找正过程控制垂直度、轴线偏差，门形支架组立后，控制两支架杆顶标高误差，灌浆后，对以上控制数据进行复测。

（3）支架顶部横梁调至水平状态后，将横梁与支架之间连接螺栓紧固。

19.2.2 设备开箱检查、试验

（1）检查设备包装完好，规格型号符合设计要求。

（2）检查瓷套外观有无裂纹、损伤，泄水孔是否畅通。

（3）检查金属法兰结合面应平整，无外伤或铸造砂眼。

（4）检查瓷套与铁法兰间的粘合牢固，各相关配件齐全。

（5）绝缘子支柱弯曲在规范规定的范围内。

19.2.3 支柱绝缘子安装

（1）绝缘子支柱与法兰结合面接合牢固，使用镀锌螺栓进行组装；将顶部与金具、绝缘子节与节之间的连接螺栓紧固。

（2）依据安装图纸确定组装后的支柱绝缘子安装方向及其安装位置就位，找正后紧固底部与横梁连接螺栓。

19.2.4 接地施工

（1）接地线采用焊接，焊接部位易在地面以下并刷沥青漆。

（2）接地地面以上部分采用黄绿接地标识，间隔宽度、顺序一致，最上面一道为黄色涂黄绿相间接地漆，宽度和顺序一致。

19.2.5 交接试验

（1）测量绝缘电阻。

（2）交流耐压试验。

19.3 图 片 示 例

成果图片见图 19-1 和图 19-2。

图 19-1 支柱绝缘子安装　　　　　图 19-2 支柱绝缘子成品

19.4 工 艺 效 果

（1）瓷套外表完整无缺损。

（2）安装牢固，其垂直度符合产品技术文件要求。

20 110kV 电抗器安装

工艺编号：T-JL-BD-20-2018
编写单位：河北省送变电有限公司
审查单位：河南送变电建设有限公司

20.1 工 艺 标 准

20.1.1 施工准备

（1）施工场地布置合理，满足起重机械的作业要求。

（2）设备基础误差、预埋件、接地线位置应满足设计图纸及产品技术文件的要求。

（3）电抗器基础内钢筋应符合设计要求，且不应形成闭合回路。

（4）基础误差、预埋件、接地线位置应满足设计图纸及产品技术文件的要求。

20.1.2 开箱检查

（1）产品技术文件齐全、设备型号与设计图纸型号相符。

（2）包装完整、元件、附件齐全，无损伤；所有元件、附件应齐全，无损伤、变形及锈蚀；瓷件及绝缘件应无裂纹及破损。

（3）设备外观清洁，铭牌标识完整、清晰，底座固定牢靠，受力均匀。

20.1.3 设备安装

（1）根据产品成套供应的组件编号进行安装，不得互换。三相水平排列时，三相绕向相同。

（2）电抗器主线圈重量应均匀地分配于所有支柱绝缘子上。

（3）设备接线端子与母线的连接应符合 GB 50149—2010《电气装置安装工程 母线装置施工及验收规范》的相关规定。

20.1.4 接地施工

（1）接地以最短的距离与主地网连接。

（2）电抗器底座应接地，其支柱不得形成导磁回路，接地线不应成闭合环路。

（3）接地线采用黄绿接地标识，接地标识宽度为 15～100mm。

20.1.5 交接试验

试验结果应满足 GB 50150—2016《电气装置安装工程 电气设备交接试验标准》的要求。

20.2 施 工 要 点

20.2.1 基础检查

（1）核查土建阶段预埋钢筋相关资料。

（2）使用经纬仪、水准仪对基础中心距离误差、高度误差、预埋件中心距离误差进行检查。

20.2.2 开箱检查

（1）依据装箱清单、设备采购合同，检查产品技术文件齐全、设备型号与设计图纸型号相符。

（2）检查箱式包装部品、元件、瓷件及绝缘件。

（3）检查所有元件、附件、瓷件及绝缘件。

20.2.3 设备安装

（1）安装前根据图纸确定安装位置，确定其接线端子的方向，再进行安装。

（2）利用专用吊点，依次安装绝缘子和支柱。螺栓预紧固，支柱逐个进行垂直度检测后，紧固螺栓。

（3）电抗器主线圈，找平时，允许在支柱绝缘子底座下放置钢垫片，但应固定牢靠。

（4）电抗器与组装好的绝缘子支座连接，将电抗器整体吊装到安装基础位置，使支座底脚法兰与基础预埋铁件对齐。

（5）利用专用吊点，吊装防雨罩，螺栓紧固。

（6）网栏安装平整牢固，防腐完好，采用耐腐蚀材料。当采用金属围栏时，金属围栏应设明显断开点和接地点。

（7）电抗器安装完毕后，检查有无金属异物（螺栓、螺母等）掉入电抗器垂直风道内，如有发现必须及时清除。

（8）设备接线端子与母线的连接，当额定电流超过 1500A 及以上时，引出线固定应采用非磁性金属材料制成的螺栓。

（9）各组件连接处的接触面，除去氧化层，并涂以电力复合脂。

20.2.4　接地施工

（1）接地线采用焊接，焊接部位在地面以下并刷沥青漆。

（2）电抗器支柱的底座接地采用非磁性材料，双开口等电位连接后接地。

（3）接地地面以上部分应采用黄绿接地标识，间隔宽度、顺序一致，最上面一道为黄色。

20.2.5　交接试验

（1）测量绕组的直流电阻。

（2）测量绕组的绝缘电阻、吸收比或极化指数。

（3）绕组交流耐压试验。

（4）额定电压下的冲击合闸试验。

20.3　图　片　示　例

成果图片见图 20-1。

图 20-1　电抗器安装成品

20.4 工 艺 效 果

（1）干式空心电抗器间隔内所有的磁性材料均可靠固定；支柱应完整无裂纹，绕组无变形，接地完好。

（2）绕组外部的绝缘漆完好，各部油漆完整。

（3）干式铁心电抗器的各部位固定牢靠，螺栓紧固，铁心一点接地。

（4）干式电抗器重量应均匀的分配与所有的支柱绝缘子上。干式电抗器上下重叠时，在其绝缘子顶帽上，放置与顶帽同样大小且厚度不超过 4mm 的绝缘纸垫片或橡胶垫片，在户外安装时，使用橡胶垫片。

（5）干式电抗器底层绝缘子的接地线以及所采用的金属围栏，不应通过自身和接地线构成闭合回路。

110kV 电容器组安装

工艺编号：T－JL－BD－21－2018
编写单位：河北省送变电有限公司
审查单位：河南送变电建设有限公司

21.1 工 艺 标 准

21.1.1　施工准备

（1）施工场地布置合理，满足起重机械的作业要求。

（2）设备基础及预埋件表面平整，设备基础误差、预埋件、预留孔、接地线位置应满足设计图纸及产品技术文件的要求。

21.1.2　开箱检查

（1）依据装箱清单、设备采购合同检查设备参数、数量与设计图纸是否相符，出厂证件及技术资料是否齐全。

（2）设备外观清洁、铭牌标识完整清晰、型号参数符合设计要求，无油渗漏，外绝缘瓷套无损坏，套管芯棒应无弯曲、滑扣。

（3）三相电容量的差值宜调配到最小，其最大与最小的差值，不应超过三相平均电容值的 5%。

21.1.3　支架安装

（1）设备支架安装应稳固，顶部水平，支架立柱间距离允许偏差、水平度、垂直度应满足设计及规范要求。

（2）支架连接螺栓的紧固，应符合产品技术文件要求。构件间垫片不得多于 1 片，厚度不应大于 3mm。

21.1.4　设备安装

（1）电容器铭牌面向通道一侧，并有顺序编号。

（2）电容器一次接线应正确、符合设计，接线应对称一致、整齐美观。

（3）凡不与地绝缘的每个电容器外壳及电容器支架均应接地。凡与地绝缘的电容器外壳均应连接到规定的电位上。与电容器围栏之间的安全距离应符合GB 50149—2010《电气装置安装工程　母线装置施工及验收规范》的相关规定。

（4）电容器的接线端子与连接线采用不同材料的金属时，应采取增加过渡接头。

（5）放电线圈接线牢固美观。

（6）接地开关操作应灵活。

（7）避雷器在线监测仪接线应正确。

21.1.5　接地施工

（1）接地以最短的距离与主地网连接。

（2）接地开关应可靠接地，工艺美观。

（3）接地线采用黄绿接地标识，接地标识宽度为15～100mm。

21.1.6　交接试验

试验结果应满足 GB 50150—2016《电气装置安装工程 电气设备交接试验标准》的要求。

21.2　施　工　要　点

21.2.1　基础检查

使用经纬仪、水准仪对基础及埋件中水平误差、轴线、接地线位置进行检测和检查。

21.2.2　开箱检查

（1）箱式包装产品完整无拆解。

（2）检查所有设备元器件、瓷件及绝缘件。

（3）设备安装前，进行相关试验，试验结果与制造厂试验报告比对。

21.2.3　支架安装

（1）使用经纬仪、水平尺、卷尺对支架的水平度、垂直度及立柱间距离进行检测和检查。

（2）检查连接螺栓齐全、穿向一致，紧固力矩符合产品技术文件要求。

（3）核对施工图纸与产品安装图的进线方向，确定支架的安装位置与方向。底层电容器支柱绝缘子连接好、安装位置检测无误后，底座与预埋件焊接并做防腐处理。

21.2.4　设备安装

（1）检查电容器铭牌在通道一侧，顺序编号，颜色采用与相位相同。

（2）配线按设计图及制造厂技术文件施工，根据实际情况调整母线的走向，保证导电部分相间及对地安全距离；带有线夹的套管上，压紧铜连接线的螺母，扭矩符合产品技术要求；检查套管连接线的扩张弯满足设计要求；电容器的硬母线连接考虑满足膨胀的要求。

（3）检查电容器、支架接地位置，测量网栏与设备间距离符合设计要求。

（4）铜与铝的搭接面，采用铜铝过渡板，铜端搪锡。

（5）按产品技术文件接线。

（6）检查接地开关操作，接地可靠，相色正确。

（7）安装避雷器在线监测仪，朝向便于观测。

21.2.5　接地施工

（1）接地线弯曲弧度一致。

（2）粘贴或涂刷相色标识正确，位置便于观察和辨别。

（3）电容器底层槽钢件与主接地网连接。

21.2.6　交接试验

（1）测量绝缘电阻。

（2）测量电容值。

（3）交流耐压试验。

（4）冲击合闸试验。

21.3　图　片　示　例

成果图片见图 21-1。

图 21-1　电容器组安装成品

21.4　工　艺　效　果

（1）金属构架无明显变形、锈蚀、油漆完整，户外安装采用热镀锌支架。

（2）外壳应无凹凸或渗油现象，引出线端子连接应牢固，垫圈、螺母应齐全；电容器外壳及支架接地可靠，防腐完好。

（3）电容器组的接线与布置正确，电容器组的保护回路完整；检验一次接线与具有极性的二次保护回路关系正确。

（4）三相电容量偏差值符合设计要求。

（5）熔断器的安装排列整齐，倾斜角符合设计要求，指示器正确；熔体的额定电流符合设计要求。

（6）放电线圈瓷套无损伤、相色正确、接线牢固美观；放电回路完整；接地开关操作灵活。

（7）支持绝缘子外表应清洁，完好无破损。

（8）电容器的接线端子与连接线采用不同材料的金属时，应采取增加过渡接头的措施；构件间垫片不得多于 1 片，厚度应不大于 3mm。

22 110kV 站用变压器本体安装

工艺编号：T－JL－BD－22－2018
编写单位：河北省送变电有限公司
审查单位：河南送变电建设有限公司

22.1 工 艺 标 准

22.1.1 安装区域条件

（1）施工场地布置合理，规避与其他作业面的交叉作业。

（2）油务处理电源满足安装要求。

（3）基础、预埋件中心位移≤5mm，水平度误差≤2mm。

（4）基础预埋件及预留孔符合设计要求，变压器的中心线与基础中心线重合，预埋件安装牢固。

22.1.2 附件开箱检查

（1）高压套管三维冲击值应符合产品技术文件要求，制造厂无要求时冲击值应小于 $3g$。

（2）充有干燥气体的运输单元或部件，其预压力值范围应为 0.01～0.03MPa（制造厂家有特殊要求，执行制造厂家要求）。

（3）附件无变形损伤，产品技术资料齐全。

（4）到场绝缘油应符合产品采购技术协议要求或符合 GB 50150—2016《电气装置安装工程 电气设备交接试验标准》的要求。

22.1.3 本体就位

（1）本体直接就位于基础上时，应符合设计、制造厂的要求。

（2）冲击记录装置无异常，三维冲击值均不大于 $3g$。

（3）充干燥气体运输的变压器，气体压力无异常，压力值范围为 0.01～0.03MPa。

22.1.4 冷却装置安装

（1）冷却器外观完好无锈蚀，无碰撞变形，法兰面平整，密封完好。

（2）支座法兰面平行、密封垫居中不偏心受压。

（3）外接管路内壁清洁，流向标识正确。

（4）阀门操作灵活、密封良好，开闭位置正确。

22.1.5 储油柜安装

（1）储油柜安装位置正确。

（2）储油柜表面无碰撞变形、无锈蚀、漆层完好，内壁光滑、清洁、无毛刺。

（3）隔膜袋式储油柜胶囊密封性良好，无泄漏。排气塞、油位表指示器摆杆绞扣清洁、无缺陷。

（4）油位表动作应灵活，指示应与储油柜的真实油位相符，油位表的信号接点位置应正确，绝缘应良好。

（5）吸湿器油位正常，应处于最低油面线和最高油面线之间，吸湿剂颜色正常。

22.1.6 器身检查

（1）器身检查内容应符合 GB 50148—2010《电力变压器、油浸电抗器、互感器施工及验收规范》和厂家技术文件的要求。

（2）铁心、夹件绝缘电阻及残油技术指标应符合规范和产品技术文件要求。

22.1.7 升高座安装

（1）升高座表面无碰撞变形、锈蚀，漆层完好。

（2）升高座底部具有斜度的，应检查上部法兰放气塞的位置是否在最高点。

（3）套管式电流互感器安装前试验结果应符合 GB 50150—2016 要求。

22.1.8 套管安装

（1）套管表面无裂缝、伤痕，瓷釉无剥落，瓷套与法兰的胶装部位牢固、密实；充油套管无渗油，油位指示正常。

（2）安装位置正确，油位指示面向外侧。

（3）法兰连接紧密，连接螺栓齐全，紧固。

（4）末屏完好，接地可靠。

（5）油浸式套管试验结果符合 GB 50150—2016 的要求。

22.1.9 气体继电器安装

（1）气体继电器应检验合格，动作整定值应符合定值要求。

（2）气体继电器安装方向应正确，密封应良好。

（3）集气盒内应充满绝缘油，密封应良好。

（4）气体继电器应有防雨罩。

22.1.10 压力释放阀、测温装置安装

（1）温度计、压力释放装置安装前检验合格，信号接点动作正确，导通良好，就地与远传显示符合产品技术文件规定。

（2）温度计根据设备厂家的规定进行整定，并报运维单位认可。

（3）温度计、压力释放装置应安装防雨罩（制造厂提供）。

（4）温度计底座应密封良好。

（5）温度计的细金属软管弯曲半径大于 50mm。

（6）压力释放装置安装方向应正确，阀盖和升高座内部应清洁，密封应良好，电接点动作应准确、绝缘应良好，动作压力值应符合产品技术文件要求。

22.1.11 抽真空处理

（1）真空残压和持续抽真空时间应符合产品技术要求。当无要求时，参照 GB 50148—2010 的规定执行。

（2）真空泄漏检查符合产品技术文件要求。

（3）油箱的变形最大值不得超过油箱壁厚的 2 倍。

22.1.12 真空注油

（1）110kV 站用变压器宜采用真空注油方式，应选择晴好天气，不得在雨天或雾天进行。

（2）注油前，设备各接地点及油管必须可靠接地。

（3）110kV 站用变压器注油结束的条件应符合产品技术文件要求，当产品技术文件无要求时，参照 GB 50148—2010 的规定执行。

（4）真空注油前的绝缘油各项指标应符合 GB 50150—2016 的规定。

22.1.13 整体密封试验和静置

（1）整体密封试验期间站用变压器密封良好，无渗油。

（2）变压器注油完毕后，在施加电压前，静置时间不应少于 24h，制造厂有特殊规定的应按制造厂要求执行。

22.1.14 电缆敷设及二次接线

（1）电缆敷设排列整齐、美观、无交叉。

（2）二次接线排列整齐、工艺美观、接线正确。

（3）电缆接地方式应满足设计和规范要求。

（4）电缆防火封堵应符合设计图纸要求。

（5）电流互感器二次备用绕组端子应在本体端子箱处短接接地。

（6）电缆引线接入气体继电器处应有滴水弯。

（7）二次安装应符合 GB 50171—2012《电气装置安装工程 盘、柜及二次回路结线施工及验收规范》的要求。

（8）电缆绝缘应满足 GB/T 50976—2014《继电保护及二次回路安装及验收规范》的要求。

22.1.15 交接试验

试验结果应满足 GB 50150—2016 的规定。

22.2 施 工 要 点

22.2.1 安装区域条件

（1）安装区域内土建工作全部完成，事故油池具备使用条件。

（2）附件存放场地已夯实、平整、无积水。

（3）施工平面布置，符合现场安全文明施工要求。

（4）真空泵、干燥空气发生器、真空滤油机等机械设备试运转正常，接地良好。

（5）安装场地设置专用电源箱，负荷经计算满足施工用电需求，确保安装和滤油电源不间断使用。

（6）基础划线由土建施工单位根据施工图纸放点，使用激光定位仪和卷尺进行点位检查，确定点位后，使用墨斗划出基础中心线。

22.2.2 设备开箱检查

（1）检查高压套管三维冲撞记录仪、三维冲击记录仪有无异常，三维冲击记录是否符合相关要求。

（2）检查冷却器、套管电流互感器等附件外观完好无损，储油柜表面无变形、锈蚀，漆层完好。

（3）检查充油套管的油位是否正常，有无渗油，瓷体有无损伤。

（4）充干燥气体的运输单元或部件到场后检查预充压力。

（5）仪器、仪表及电器元件的组件，开箱后须放置在干燥的室内，并有防潮措施，及时送检试验。

（6）检查运输油罐的密封状况和吸湿器状态，并检查绝缘油的出厂检验报告。

（7）绝缘油到达现场必须有试验记录，每罐必须取样进行简化分析，简化分析合格后方可进行油务处理工作。

22.2.3 本体就位

（1）本体检查就位后，拆下三维冲撞记录仪，确认、记录最大冲击数据并办理签证，留存原始记录。

（2）检查充干燥气体运输的变压器油箱箱盖、钟罩法兰及封板的螺栓齐全，紧固良好，并现场办理交接签证和移交压力监视记录。

（3）检查器身整体外观，油漆完好、无锈蚀、损伤等。

（4）检查本体端子箱内部元件，无受潮、损坏，二次接线完好。

（5）保管期间将站用变压器本体专用接地点与接地网可靠连接。

22.2.4 冷却装置安装

（1）必须按照制造厂装配图进行安装。

（2）冷却器按照由远及近的顺序依次安装，过程中保持平衡。安装过程中不允许扳动或打开站用变压器本体油箱的任意阀门，防止露空。油路管道之间须加装接地跨线。

（3）利用冷却器上的专用吊环由远及近依次安装，安装过程中保持平衡。

（4）起吊前检查接口阀门密封性和开启位置。管路中的阀门操作灵活，开闭位置正确；阀门、法兰连接处密封良好。

（5）密封面清洁、密封圈处理、螺栓紧固力矩的方法应符合产品技术文件要求。

22.2.5　储油柜安装

（1）储油柜在地面安装的部件全部安装完毕后，将其安装在储油柜支架上，再安装储油柜的排气管、注放油管、阀门等附件。

（2）拆开储油柜油位计封盖，安装浮漂摆杆，安装油位计与伞齿，啮合良好无卡阻。

（3）真空注油后，安装吸湿器联管，联管下端安装吸湿器。拆除吸湿器中的运输密封圈，玻璃筒中加装吸湿剂，油封盒内加变压器油，油位在最低和最高限位之间。

22.2.6　器身检查

（1）天气符合要求，凡雨、雪、风（4级以上）和相对湿度75%以上的天气不得进行器身检查。

（2）露空后，将铁心、夹件引线引出并完成接地套管安装，测量铁心、夹件绝缘电阻，取残油化验后满足设备技术规范书要求。

（3）器身检查前，在人孔处安装过渡防尘棚，制造厂人员着专用服装进入变压器内部进行器身检查。将本体下部注油口的阀门连接干燥气体发生器，用露点低于−40℃的干燥气体充入本体内，补充干燥气体速率符合产品技术文件要求。在内检过程中向箱体内持续注入干燥气体，保持内部含氧量不低于18%。

22.2.7　升高座安装

（1）对升高座内部的绝缘油进行试验，试验指标应符合产品技术文件要求，用真空滤油机将油排入专用储油罐内。

（2）安装升高座时，由制造厂技术人员完成高压引线连接、升高座法兰与箱体连接。

（3）打开升高座上法兰封盖后立即覆盖塑料薄膜防尘，并特别注意防止异物落入油箱。

22.2.8　套管安装

（1）套管试验合格后进行安装。

（2）吊装前使用纯棉白布擦拭套管表面及连接部位。

（3）吊装套管时，套管在移至升高座上方时，注意调整套管底部与升高座法兰周边的间隙，缓慢放下套管，将升高座中的引线与套管底部接线端子连接，并将引线上的均压球上推拧紧在套管底部。

（4）套管顶部的密封垫安装正确，限位销插入可靠，密封良好，引线连接可靠，末屏接地可靠、密封良好。

22.2.9　气体继电器安装

（1）气体继电器水平安装，顶盖上箭头标志指向储油柜，连接密封良好，将观察窗的挡板处于打开位置。通向气体继电器的管道有 1%～1.5% 的坡度。

（2）检查集气盒内是否充满绝缘油。

22.2.10　压力释放阀、测温装置安装

（1）油箱顶盖上的温度计座内注入绝缘油，密封良好，无渗油。

（2）膨胀式信号温度计的细金属软管不得压扁和急剧扭曲，固定可靠，工艺美观。

（3）压力释放阀泄油管安装位置低于设备基础并设置防小动物格栅。

22.2.11　抽真空处理

（1）选用直径≥50mm 真空连接管道，连接长度不宜超过 20m，连接管道较长时应增加管道直径。将真空管路装于油箱顶部专用蝶阀处。本体抽真空前，先对抽真空系统（包括抽真空设备、管路）进行检查，抽真空至 10Pa 以下，确保抽真空系统中无泄漏点。

（2）检查所有附件安装及器身打开过的密封板，确认密封圈安装正确、所有密封面上的螺栓已紧固。打开本体与冷却系统之间的所有连通阀门，冷却系统和本体一起进行抽真空。利用三通接头对油箱和储油柜同时抽真空。打开胶囊内外连通阀门，确保胶囊内外同时抽真空。

（3）抽真空时，监视并记录油箱的变形，其最大值不得超过油箱壁厚的2倍。

22.2.12 真空注油

（1）真空注油时，从下部油阀进油，注油全过程应持续抽真空，真空残压≤133Pa，注入油的油温高于器身温度，滤油机出口油温在 55～65℃，注油速度不大于 6000L/h，真空注油全过程中，真空滤油机进、出油管不得在露空状态切换。

（2）当绝缘油油面达到距箱顶200～300mm 时，关闭油箱盖真空阀门，注油速度调整为 2000L/h，继续真空注油至正常油位，停止注油。

（3）关闭胶囊内外连通阀门、抽真空管道阀门，拆除真空管道。慢开储油柜抽真空阀门，使胶囊展开。

（4）注油结束后，对站用变压器所有组件、附件及管路上的所有放气塞放气，完毕后，调整储油柜内的油位。

（5）注油完毕后，安装吸湿器和气体继电器。

22.2.13 整体密封试验和静置

（1）整体密封试验前，对油箱顶部的压力释放阀采用人为干预的方式防止压力释放装置动作。试验结束后，将压力释放阀恢复至运行前工作状态。

（2）利用储油柜吸湿器管路向胶囊袋内缓慢充入合格的干燥气体，加压力0.03MPa，持续时间24h，观察站用变压器无渗漏现象。

（3）回装储油柜吸湿器，并按照吸湿器使用说明书更换吸湿剂。

（4）注油完毕后开始静置计时，静置时间不应少于 24h。静置期间从放气塞放气，直至残余气体排尽。

（5）所有装在站用变压器外表面的组件及附件、铭牌等都应紧固牢靠，以避免造成不应有的噪声、振动增大。

22.2.14 电缆敷设及二次接线

（1）本体端子箱可开启门采用软铜绞线与本体可靠连接。

（2）本体端子箱内接地铜排与等电位接地网可靠连接。

（3）二次电缆金属屏蔽层应在本体箱侧一点接地，接地线采用不小于 4mm²铜芯黄绿相间软绝缘接地线，钢铠、屏蔽接地线从电缆的内侧不同方向（钢铠向下、屏蔽向上）引出。

（4）按照设计图纸和产品图纸进行二次接线，核对设计图纸、产品图纸与实际装置是否符合。

22.2.15 交接试验

（1）绕组连同套管的直流电阻测量。

（2）有载调压切换装置的检查和试验。

（3）绕组连同套管的绝缘电阻、吸收比和极化指数的测量。

（4）绕组连同套管的介质损耗因数 $\tan\theta$。

（5）铁心及夹件的绝缘电阻测量。

（6）绕组连同套管的交流耐压试验。

（7）绕组连同套管的长时感应电压试验带局部放电试验。

22.3 图 片 示 例

成果图片见图 22－1～图 22－4。

图 22－1 变压器附件开箱检查图　　　图 22－2 变压器冷却装置安装

图 22-3 变压器套管安装

图 22-4 变压器静置

22.4 工 艺 效 果

（1）本体、散热器及所有附件应无缺陷，无渗漏油现象；油漆完整；油箱顶盖无异物；套管伞裙清洁。

（2）本体及附件接地正确、牢固、接触可靠。

（3）储油柜、套管等油位表指示清晰、准确，散热片编号、管道标识油流方向清楚；各温度表的指示差别在测量误差范围内。

（4）储油柜和充油套管油位正常；储油柜和吸湿器的油位正常，硅胶颜色正常。

（5）气体继电器防雨罩，防雨、防潮效果良好，本体电缆防护良好。

工艺编号：T－JL－BD－23－2018
编写单位：河北省送变电有限公司
审查单位：河南送变电建设有限公司

23.1 工 艺 标 准

23.1.1 电力电缆敷设

单层布置电缆头制作高度一致，多层布置电缆头高度一致或者从里往外逐层降低；同一区域或同类设备的电缆头的制作高度和样式应统一。

23.1.2 终端头制作

（1）热缩管与电缆的直径配套，要求缠绕的聚氯乙烯带，颜色统一，缠绕密实、牢固；热缩管电缆头应采用统一长度热缩管加热收缩而成。

（2）应力管和外半导体层的搭接应满足厂家规定要求。

（3）电缆的屏蔽层接地方式应满足规范要求。

（4）户外铠装电缆钢带应一点接地，接地点可选在端子箱或汇控柜专用接地铜排上。

（5）钢带接地应采用单独的接地线引出，其引出位置宜在电缆头下部的某一统一高度。

（6）单芯电缆或分相后的各相终端不应形成闭合的铁磁回路，固定处应加装符合规范要求的衬垫。

23.1.3 交接试验

试验结果应满足 GB 50150—2016《电气装置安装工程 电气设备交接试验标准》的要求。

23.2 施 工 要 点

23.2.1 电力电缆敷设

（1）根据电缆终端和电缆的固定方式，确定电缆头的制作位置，剖开电缆外护套。

（2）对于多芯电力电缆，电缆头固定后，各相弧度保持一致。单芯的电力电缆，电缆头固定后，其高度一致，弧度一致。

23.2.2 终端头制作

（1）将钢带和铜带屏蔽层分开接地，并进行标识；接地线与钢带和铜带采用焊接或电缆终端附件中自带弹簧卡圈进行连接；接地线采用镀锡编织带。

（2）热缩的电缆终端安装时，先安装应力管，后安装外部绝缘护管和雨裙。

（3）多芯电缆的电缆头采用分支护套。分支护套尽可能向电缆头根部拉近，并进行热缩（或冷缩）。制作屏蔽层视接线位置至电缆头之间的长度而定，三芯电缆均在分支护套上部。

（4）根据接线端子的位置和应力管的长度，确定延长护管的长度；在延长护管上部，根据说明书要求剥除屏蔽层，最后制作铜带接地。

（5）利用剥刀将铜带上部外半导体层剥除，铜带上部的半导体层按照说明书的要求留有一定长度。半导体层剥除后用细砂纸打磨，磨去绝缘层上半导体残留物，最后用酒精清洗。

（6）根据应力管或电缆终端的长度和接线鼻子长度，将多余的电缆切除，同时将压接接线鼻子处的绝缘层剥除。

（7）电缆线芯连接时，除去线芯和连接管内壁油污及氧化层。

（8）固定单芯电缆或分相后的各相终端。

23.2.3 交接试验

（1）主绝缘及外护层绝缘电阻测量。

（2）主绝缘直流耐压试验及泄漏电流测量。

（3）主绝缘交流耐压试验。

（4）检查电缆线路两端相位。

（5）交叉互联系统试验。

23.3 图 片 示 例

成果图片见图 23-1 和图 23-2。

图 23-1　高压电缆头制作　　　　　图 23-2　高压电缆头安装

23.4 工 艺 效 果

（1）三芯电力电缆接头两侧电缆的金属屏蔽层（或金属套）、铠装层分别连接良好，不得中断。

（2）三芯电力电缆终端处的金属护层接地良好，塑料电缆每相铜屏蔽和钢铠锡焊接地线。

（3）电缆接线端子与所接设备的端子接触良好，互联接地箱和交叉互联的连接点接触良好可靠。

（4）交接试验合格。

24 35kV 干式站用变压器安装

工艺编号：T-JL-BD-24-2018
编写单位：河北省送变电有限公司
审查单位：河南送变电建设有限公司

24.1 工 艺 标 准

24.1.1 施工准备

（1）施工场地布置合理，满足起重机械的作业要求。

（2）设备基础误差、预埋件、接地线位置应满足设计图纸及产品技术文件的要求。

（3）设备基础强度符合设计要求，基础表面清洁干净。

24.1.2 开箱检查

（1）出厂技术资料齐全，设备参数与设计图纸相符。

（2）绕组绝缘筒内部应清洁、无杂物，外部面漆应无剐蹭痕迹，绕组与底部固定件、顶部铁心夹件固定螺栓应紧固。

（3）高、低压侧引出接线端子与绕组之间应无裂纹痕迹，相色标识完整。

24.1.3 附件安装

（1）高、低压侧朝向符合设计要求。

（2）低压中性点接地方式符合设计要求，与主接地网直接相连，本体引出的其他接地端子就近与主网连接。

（3）裸露导体无尖角、毛刺，相间及对地距离符合规范要求。

（4）连接端子连线紧固扭矩遵循厂家说明要求。

（5）电缆走向顺直整齐、布线美观。

24.1.4 接地施工

（1）接地以最短的距离与主地网连接。

（2）接地引线间隔宽度、顺序一致。

（3）接地线采用黄绿接地标识，接地标识宽度为 15～100mm。

24.1.5 交接试验

试验结果应满足 GB 50150—2016《电气装置安装工程 电气设备交接试验标准》的要求。

24.2 施 工 要 点

24.2.1 基础复测

（1）核查混凝土基础强度试验报告。

（2）依据设计图纸，使用卷尺进行基础尺寸检查、接地点和预埋件的位置检查，并记录测量数据。

（3）用水平仪复测基础预埋件平整度、平行预埋件直线度，最终测得的水平误差。

24.2.2 开箱检查

（1）检查绕组绝缘筒内部清洁、无杂物，外部面漆应无剔蹭痕迹。

（2）检查绕组与底部固定件、顶部铁心夹件固定螺栓是否良好。

（3）检查高、低压侧引出接线端子与绕组之间有无裂纹痕迹，有无相色标识。

24.2.3 附件安装

（1）安装前依据设计图纸核对高、低压侧朝向。整体就位后用水平尺复核本体水平度，调至平稳、水平状态后将底部与预埋件焊接。

（2）底座两侧与接地网可靠连接，低压中性点接地与主接地网直接相连，本体引出的其他接地端子就近与主网连接。

（3）紧固所有螺栓，不同级别螺栓按相应规定采用不同扭矩值进行检验。

（4）温度感应线头按规定插入变压器各相温度孔中。

（5）电缆敷设走向顺直整齐、布线美观。

24.2.4 接地施工

（1）接地铜排采用放热焊接，焊接部位在地面以下并刷沥青漆。

（2）站用变压器接地引线制作前，对原材料进行校直。

（3）结合实际安装位置，弯制出接地线引线模型。

24.2.5 交接试验

（1）测量绕组连同套管的直流电阻测量。

（2）检查所有分接的电压比。

（3）引出线的极性检查。

（4）测量铁心及夹件的绝缘电阻。

（5）绕组连同套管的绝缘电阻、吸收比和极化指数的测量。

（6）绕组连同套管的交流耐压试验。

24.3 图 片 示 例

成果图片见图 24-1。

图 24-1 干式变压器安装

24.4 工 艺 效 果

（1）铁心和夹件的接地引出套管、套管的末屏接地符合产品技术文件要求。

（2）测温装置指示正确，整定值符合要求。

（3）站用变压器本体两点接地，中性点接地引出后，有两根接地引线与主接地网的不同干线连接，其规格满足设计要求。

（4）变压器的全部电气试验合格，保护装置整定值符合规定，操作及联动试验正确。

25 400V 配电柜安装

工艺编号：T-JL-BD-25-2018
编写单位：河北省送变电有限公司
审查单位：河南送变电建设有限公司

25.1 工 艺 标 准

25.1.1 施工准备

（1）施工场地布置合理，满足施工作业要求。

（2）设备基础误差、预埋件、预留孔、接地线位置应满足设计图纸及产品技术文件的要求。

25.1.2 设备现场保管及开箱检查

设备外观清洁，铭牌标识完整、清晰，底座固定牢靠，受力均匀。

25.1.3 设备安装

（1）盘、柜体底座与基础槽钢连接牢固，接地良好，可开启柜门用软铜导线可靠接地。

（2）盘、柜面平整，附件齐全，门销开闭灵活，照明装置完好，盘、柜前后标识齐全、清晰。

（3）盘、柜体垂直度误差＜1.5mm/m；相邻两柜顶部水平度误差＜2mm，成列柜顶部水平度误差＜2mm；相邻两柜盘面误差＜1mm，成列柜面盘面误差＜5mm，相间接缝误差＜2mm。

25.1.4 母线及接地安装

（1）屏柜内电源侧进线接在进线侧，负荷侧出线应接在出线端。

（2）母线平置时，贯穿螺栓应由下往上穿，螺母应在上方。其余情况下，螺母应置于维护侧，连接螺栓长度宜露出螺母 2～3 扣。

（3）绝缘子安装方向，爬电距离符合设计要求。绝缘距离，动、静触头位置正确，接触紧密。接触面应涂刷电力复合脂。

（4）接地排配置规范，应有两处明显的与接地网可靠连接点。

25.2 施 工 要 点

25.2.1 基础复测

对配电室内基础平行预埋槽钢平行间距误差、平行槽钢整体平整度误差及单根槽钢平整度进行复测，核对槽钢预埋长度与设计图纸是否相符，复查槽钢与接地网是否可靠连接。

25.2.2 设备现场保管及开箱检查

（1）设备运至现场后，核对运输清单，检查设备包装是否完好无损，并做好交接记录。

（2）根据施工现场布置图及安装位置进行临时放置，设备安放稳妥。

（3）设备安装前，进行相关试验，试验结果与出厂试验报告比对。

25.2.3 设备安装

（1）配电盘安装前，检查外观面漆无剐蹭痕迹，外壳无变形；检查盘面电流表计、电压表计、保护装置、操作按钮、门把手是否完好，内部电气元件固定有无松动。

（2）依据设计图纸核对每面配电盘在室内安装位置，从配电室入门处开始组立，与预埋槽钢间螺栓连接，第一面盘（柜）安装后调整好盘（柜）垂直和水平，紧固底部与槽钢连接螺栓。

（3）相邻配电盘以每列已组立好的第一面盘（柜）为齐，使用厂家专配的安装螺栓连接，调整好盘（柜）间缝隙后紧固底部连接螺栓和相邻盘（柜）连接螺栓。

25.2.4 母线及接地安装

（1）柜内母线安装，检查柜内支持式绝缘子安装方向。

（2）封闭母线隐蔽前进行验收，并做好签证。

（3）配电盘使用接地排接地。

25.3　图　片　示　例

成果图片见图 25-1。

图 25-1　低压配电盘安装

25.4　工　艺　效　果

（1）盘、柜的固定及接地可靠，盘、柜漆层完好，清洁整齐，标识规范。

（2）盘、柜内所装电器元件齐全完好，安装位置正确，固定牢固。

（3）手车或抽屉式开关推入或拉出灵活，机械闭锁可靠，照明装置完好。

（4）盘、柜孔洞及电缆管封堵严密，结冰的地区采取防止电缆管内积水结冰的措施。

26 二次屏、柜（端子箱、就地控制柜）安装

工艺编号：T-JL-BD-26-2018
编写单位：国网山西送变电工程有限公司
审查单位：国网湖北送变电工程有限公司

26.1 工 艺 标 准

26.1.1 屏、柜基础型钢验收

（1）屏柜型钢基础水平度误差<1mm/m，全长水平度误差<2mm。

（2）屏柜型钢基础垂直度误差<1mm/m、全长垂直度<5mm。

（3）屏柜基础型钢位置误差及不平行度误差全长应小于5mm。

（4）基础型钢顶部宜高出抹平地面10~20mm。

（5）型钢两端应明显接地，接地规格应符合设计要求。

26.1.2 屏、柜（端子箱、就地控制柜）开箱检查

（1）屏、柜的漆层应完整无损伤；技术协议应标明屏柜外形尺寸、颜色、各部件型号统一。

（2）屏、柜面平整，附件齐全，门锁开闭灵活，照明装置完好，屏、柜前后标识应齐全、清晰。

（3）屏、柜内分别设置接地铜排和等电位屏蔽铜排，并有相对应接地标识。

26.1.3 屏、柜安装

（1）屏、柜底座与基础连接牢固，导通良好，可开启屏门用软铜导线可靠连接。

（2）屏、柜体垂直度误差<1.5mm/m，相邻两柜顶部水平度误差<2mm，

成列柜顶部水平度误差＜5mm；相邻两柜盘面误差＜1mm，成列柜面盘面误差＜5mm，相间接缝误差＜2mm。

26.1.4 端子箱（就地控制柜）安装

（1）箱柜安装垂直度误差＜1.5mm、牢固、完好，无损伤。

（2）箱柜底座框架及本体接地可靠，可开启门应用大于等于 4mm² 的软铜导线可靠接地。

（3）成列箱柜应在同一轴线上。

26.2 施 工 要 点

26.2.1 屏、柜基础型钢验收

（1）复测屏、柜预埋型钢垂直度、水平度、平行间距、单根型钢平整度及平行型钢整体平整度误差，并做好复测记录。

（2）核对型钢预埋长度与设计图纸是否相符，检查电缆孔洞应与盘柜匹配，检查基础型钢与接地网是否有明显且不少于两点可靠相连。

26.2.2 屏、柜（端子箱、就地控制柜）开箱检查

（1）检查外观面漆有无明显剐蹭痕迹，外壳是否变形，屏、柜面和门把手是否完好，内部电气元件是否松动。

（2）检查屏、柜规格型号、数量是否符合设计要求，安装附件及产品技术文件是否齐全。

（3）检查端子箱（就地控制柜）表面是否有变形、划痕，是否采取可靠的防水，防尘、防潮措施。

（4）检查端子箱（就地控制柜）加热器与元器件、电缆应保持大于 50mm距离，加热器的接线端子应在加热器下方。

26.2.3 屏、柜安装

（1）依据设计图纸核对屏、柜的安装位置，屏柜底座与基础型钢采用螺栓紧固连接，第一面屏、柜安装后，使用经纬仪检查屏、柜垂直度和水平度。

（2）相邻屏、柜以每列已组立好的第一面屏、柜为基准，使用厂家提供

的并柜螺栓连接，调整好屏、柜垂直度和水平度后，紧固底部连接螺栓和并柜螺栓。

（3）采用截面≥50mm² 的黑色软铜线与屏柜内接地铜排相连，另一端与主地网连接；采用截面≥50mm² 黄绿相间的软铜线与屏柜内等电位屏蔽铜排相连，另一端与二次等电位地网连接。

26.2.4　端子箱（就地控制柜）安装

（1）复测基础面平整度、埋件位置、尺寸是否符合验收规范及设计要求。

（2）端子箱（就地控制柜）安装方向朝巡视道路。

（3）端子箱（就地控制柜）与基础按设计要求固定，并与主网可靠连接。

（4）采用截面≥100mm² 的软铜线与箱内接地铜排相连，另一端与主地网连接；采用截面≥100mm² 的软铜线与箱内等电位屏蔽铜排相连，另一端与二次等电位地网连接。

26.3　图　片　示　例

成果图片见图 26-1 和图 26-2。

图 26-1　设备就地控制柜、箱安装

图 26-2　屏柜安装

26.4　工　艺　效　果

（1）屏、柜安装横平竖直、排列整齐、色泽一致。

（2）屏、柜门开启灵活，关闭严密。

（3）屏、柜固定牢固、接地可靠。

（4）基础型钢有明显可靠接地。

（5）户外端子箱、就地柜有可靠的防水、防尘、防潮措施。

27 蓄电池安装

//////////

工艺编号：T-JL-BD-27-2018
编写单位：国网山西送变电工程有限公司
审查单位：国网湖北送变电工程有限公司

27.1 工 艺 标 准

27.1.1 蓄电池保管及开箱检查

（1）蓄电池不得倒置，开箱后不得重叠存放。

（2）蓄电池应存放在清洁、干燥、通风良好的室内，电池宜在 5～40℃ 的环境温度，相对湿度低于80%的环境下存放。

（3）应避免阳光直射；存放中，严禁短路、受潮，并应定期清除灰尘。

（4）蓄电池外观应良好，设备型号、规格、数量应符合设计要求，安装附件及产品技术文件应齐全。

27.1.2 蓄电池安装

（1）支架固定牢固，水平度误差≤5mm，支架接地符合设计要求，根据现场环境增加防振措施。

（2）蓄电池应排列整齐，高低一致，放置平稳。蓄电池之间的间隙应均匀一致。

（3）蓄电池需进行编号，编号清晰、齐全。

（4）蓄电池上部或蓄电池端子上应加盖绝缘盖，防止发生短路。

（5）蓄电池间连接线连接可靠，整齐、美观。

（6）蓄电池组电缆引出线颜色标识正极为赭色、负极为蓝色。

（7）布置在同一房间的两组蓄电池，应采取防火隔爆措施。

27.1.3 蓄电池充、放电及容量测试

（1）蓄电池充、放电及容量测试的环境应满足规程规范及产品技术文件要求。

（2）蓄电池单瓶充电电压、蓄电池组充、放电电压、电流应满足产品技术文件要求。

（3）蓄电池组容量检测采用 10h 率放电容量测试，当蓄电池表面温度不为 25℃时按照 GB 50172—2012《电气装置安装工程 蓄电池施工及验收规范》提供的换算公式计算。

（4）充、放电期间，环境温度控制在 5～35℃，蓄电池表面温度不应高于 45℃，室内不得有明火，通风应良好，电源应可靠，不得断电。

（5）检查蓄电池组及其连接条的连接是否牢固可靠，并记录单体蓄电池的初始端电压和整组电压。

（6）应按产品技术文件的要求完成充、放电及容量测试。

（7）完全充电的蓄电池组开路静置 24h 后，应分别测量和记录每只蓄电池的开路电压，测量点应在端子处，开路电压最高值和最低值的差值不得超过规范要求。

（8）蓄电池完全充电后，静放 1～24h 且蓄电池表面温度与环境温度一致时，进行 10h 率放电容量测试，应以 $0.1C_{10}$（A）恒定电流放电到其中一个蓄电池电压 1.80V 时终止放电，并应记录放电期间蓄电池的表面温度 t 及放电持续时间 T。

（9）放电期间应每隔 1h 测量并记录放电单体蓄电池的端电压、表面温度及整组蓄电池的端电压，在放电末期应随时测量，放电结束后，蓄电池应尽快进行完全充电。

（10）在整个充放电期间，按规定时间记录每个蓄电池的电压、表面温度和环境温度及整组蓄电池的电压、电流，并绘制整组充、放电曲线。

27.2 施 工 要 点

27.2.1 蓄电池保管及开箱检查

（1）蓄电池到达现场后，按产品技术文件要求进行保管。

（2）检查蓄电池外观无裂纹、无损伤；应密封性良好、无渗漏。

（3）检查蓄电池的正、负端接线柱极性正确，无变形、无损伤、无氧化。

（4）检查连接条、螺栓及螺母齐全。

27.2.2　蓄电池安装

（1）按图纸组装支架，连接螺栓紧固力矩，满足产品技术文件要求；整体结构稳定；蓄电池放置在支架后，支架不应有变形，蓄电池支架采用膨胀螺栓固定，支架可靠接地，工艺自然美观。

（2）蓄电池组与电流屏之间连接电缆的预留孔洞位置适当，电缆走向合理、美观，电缆露出地面部分用 PVC 管进行保护。

（3）蓄电池的安装顺序按照设计图纸或厂家图纸及提供的连接排（线）进行安装。

（4）蓄电池组各级电池之间连接线搭接处清洁后涂电力复合脂，并用力矩扳手紧固，力矩大小符合厂家要求。

（5）蓄电池连接的同时，将单体电池的采样线同步接入，接入前确认采样装置侧已接入，以免发生短路；采样线排列整齐，工艺美观。

（6）安装结束后在蓄电池端子上加盖绝缘盖，对蓄电池进行编号，编号标识清晰、齐全，并位于便于观察的位置。

（7）蓄电池电缆引出线处采用透明绝缘隔板防护，隔板与支架固定牢靠。

27.2.3　蓄电池充、放电及容量测试

（1）蓄电池组安装完毕后，充电前，检查蓄电池组及其连接条的连接情况；检查并记录单体蓄电池的初始端电压和整组电压；充电期间，充电电源应可靠，不得断电；环境温度应为 5～35℃，蓄电池表面温度不应高于 45℃；充电过程中，室内不得有明火；通风应良好，应按产品技术文件的要求进行充电，并应符合规定。

（2）蓄电池组应进行完全充电，并应进行开路电压测试和容量测试。

（3）当蓄电池在环境温度 5～35℃条件下，以（2.4V±0.01V）/单体的恒定电压、充电电流不大于 $2.5I_{10}$（A）充电至电流值 5h 稳定不变时或充电后期充电电流小于 $0.005C_{10}$（A）时或符合产品技术文件完全充电要求时，视为完全充电。

（4）完全充电的蓄电池组开路静置 24h 后，应分别测量和记录每只蓄电池的开路电压，使用精确度 0.0001 的万用表进行测量；测量点应在端子处，开路电压最高值和最低值的差值不得超过规定。

（5）当蓄电池静置完毕且表面温度与环境基本一致时，应进行 10h 率容量放电测试，应以 $0.1C_{10}$（A）恒定电流放电到其中一个蓄电池电压 1.80V 时终止放电，并应记录放电期间蓄电池的表面温度 t 及放电持续时间 T。

（6）放电期间应每隔 1h 测量并记录放电单体蓄电池的端电压、表面温度及整组蓄电池的端电压，在放电末期应随时测量；实测容量 C_t（Ah）应放电电流 I（A）乘以放电持续时间 T（h）计算，当放电期间蓄电池的表面温度不为 25℃时，按规程（GB 50172—2012 中 4.2.5）提供的换算公式计算。

（7）放电结束后，蓄电池应尽快进行完全充电。

（8）蓄电池组首次充、放电循环，放电容量应不低于 10h 率放电容量的 95%；第三次循环内应达到 100%；容量达到 100%，可停止容量测试。

（9）蓄电池组充、放电结束后，绘制整组充、放电特性曲线。

27.3 图 片 示 例

成果图片见图 27-1～图 27-3。

图 27-1 蓄电池本体安装

图 27-2　蓄电池接线

图 27-3　蓄电池充放电

27.4　工　艺　效　果

（1）蓄电池支架安装牢固，接地可靠。

（2）蓄电池安装整齐，并有明显的序号标识。

（3）充放电符合规范要求，记录齐全完整。

28 电缆支架制作及安装

工艺编号：T-JL-BD-28-2018
编写单位：国网山西送变电工程有限公司
审查单位：国网湖北送变电工程有限公司

28.1 工 艺 标 准

28.1.1 材料检验

（1）电缆支架合格证、出厂检验报告等资料齐全有效。

（2）电缆支架的加工要满足设计图纸和 GB 50168—2006《电气装置安装工程 电缆线路施工及验收规范》中 4.2.1 和 4.2.2 的相关要求。

28.1.2 电缆沟内支架安装

（1）电缆支架应安装牢固，横平竖直，托架支吊架的固定方式应按设计要求进行。各支架的同层横档应在同一水平面上，其高低偏差不应大于 5mm。托架支吊架沿桥架走向左右的偏差不应大于 10mm。详见 GB 50168—2006。

（2）在有坡度的电缆沟内或建筑物上安装的电缆支架，应有与电缆沟或建筑物相同的坡度。详见 GB 50168—2006。

（3）电缆支架最上层及最下层至沟顶、楼板或沟底、地面的距离，当设计无规定时，应符合 GB 50168—2006 中表 4.2.3 的相关要求。

（4）金属电缆支架全长均应有良好的接地。详见 GB 50168—2006。

28.2 施 工 要 点

28.2.1 材料检验

（1）检查电缆支架的出厂证明文件应齐全有效。

（2）材质要求：电缆支架宜采用角钢制作或复合材料制作，工厂化加工，金属支架采用热镀锌防腐。

（3）检查电缆支架平直，应无扭曲，切口应无卷边、毛刺，金属支架镀锌层应无损坏。

（4）检查电缆支架层间允许最小距离满足设计和 GB 50168—2006 中 4.2.2 相关要求。

28.2.2 电缆沟内支架安装

（1）检查复测电缆沟土建项目验收合格（电缆沟内侧平整度、预埋件）。

（2）使用卷尺测量电缆支架最上层及最下层至沟顶、楼板或沟底、地面的距离满足设计和 GB 50168—2006 中表 4.2.3 的相关要求。

（3）使用卷尺测量电缆支架间距应一致。使用水准仪检测各支架的同层横档的高低偏差不应大于 5mm。使用经纬仪检测托架支吊架沿桥架走向左右的偏差不应大于 10mm。

（4）在有坡度的电缆沟内或建筑物上安装的电缆支架，使用水准仪检测支架与电缆沟或建筑物有相同的坡度。

（5）在电缆沟十字和丁字交叉口、端子箱基础下方宜增加过渡电缆支架，防止电缆落地或过度下垂。

（6）检查金属支架或复合材料支架的膨胀螺栓安装牢靠，使用力矩扳手检查紧固力矩合格。

（7）接地扁铁在电缆沟伸缩缝处做伸缩弯处理，检查通长接地扁铁焊接平直、牢固，做好防腐处理。

28.3 图 片 示 例

成果图片见图 28-1～图 28-5。

28.4 工 艺 效 果

（1）整体观感良好，分层排列间距一致。

（2）整体布局井然有序，横平竖直，安装牢固可靠。

（3）特殊区域安装过渡支架，布局合理，过渡自然，功能良好。

图 28-1　钢电缆支架安装

图 28-2　复合型电缆支架安装

图 28-3　过渡支架安装

图 28-4　电缆支架放样测量

图 28-5　通长扁铁伸缩弯安装

29 电 缆 槽 盒

工艺编号：T-JL-BD-29-2018
编写单位：国网山西送变电工程有限公司
审查单位：国网湖北送变电工程有限公司

29.1 工 艺 标 准

29.1.1 材料检验

（1）电缆槽盒制作使用的材料、结构应符合设计要求。

（2）电缆槽盒各部件表面应平整、光洁、无毛刺，尺寸准确，配件齐全。

（3）槽盒标牌的安装应牢固、可靠，标牌文字应清晰、易读。

29.1.2 槽盒安装

（1）电缆槽盒安装应牢固、平直、美观。

（2）电缆沟"三通""四通"、电缆竖井、电缆桥架过渡处应增设过渡槽盒。

（3）电缆槽盒底部应打排水孔。

（4）电缆槽盒连接处应可靠跨接。金属电缆槽盒两端应与主地网可靠连接。

29.2 施 工 要 点

29.2.1 材料检验

（1）材质要求：电缆槽盒宜采用不锈钢或复合材料制作，工厂化加工。

（2）电缆槽盒外表采用目测、手触摸相结合方法检验，并采用游标卡尺测量槽盒材料厚度。

（3）检查电缆槽盒各部件表面是否平整，有无裂纹、压坑、毛刺。

29.2.2　槽盒安装

（1）依据设计图纸编号组装电缆槽盒。

（2）在电缆槽盒拐角处、交叉处、箱体入口处应加装弯头、"三通""四通"等异形槽盒且固定牢靠。

（3）电缆槽盒宜采用半圆头防锈螺栓连接，螺母应在电缆槽外侧且固定牢靠。槽盒面板固定禁止采用尖头自攻螺栓。

（4）应在槽盒最低点处开$\phi 5 \sim \phi 8$mm排水孔，开孔处应做防腐处理。

（5）电缆槽盒应每隔30～50m接地，电缆槽盒连接部位宜采用两端压接镀锡铜鼻子的软铜绞线跨接，跨接线最小允许截面积不小于4mm²。

（6）电缆槽盒应密封良好，防止雨水、沙尘及小动物进入。

（7）电缆槽盒应在明显位置处设置永久性标牌。

29.3　图　片　示　例

成果图片见图29－1和图29－2。

图29－1　不锈钢电缆槽盒　　　　　　图29－2　复合型电缆槽盒

29.4　工　艺　效　果

（1）安装牢固、表面平整无变形。

（2）布置排列整齐规范、转弯半径符合规范要求。

（3）表面色泽统一、观感良好。

（4）标牌齐全、间距一致、字迹清晰规范。

（5）接地跨接整齐统一，满足规范及反措要求。

30 电缆管配置及敷设

工艺编号：T-JL-BD-30-2018

编写单位：国网山西送变电工程有限公司

审查单位：国网湖北送变电工程有限公司

30.1 工 艺 标 准

30.1.1 材料检验

（1）电缆保护管出厂检验报告、合格证等产品技术资料应齐全。

（2）电缆保护管的材质应满足设计图纸及规范要求。

30.1.2 电缆保护管配置

（1）电缆保护管应采用热镀锌钢管、金属软管，壁厚满足规范要求。

（2）保护管的内径与所穿电缆外径之比不得小于 1.5。

（3）电缆保护管弯制成品不应有裂缝、凹瘪现象，其弯扁程度不宜大于管子外径的 10%；电缆管的弯曲半径不应小于所穿入电缆的最小允许弯曲半径；保护管的弯制角度应大于 90°。

（4）单根电缆管的连接弯头不得超过 3 个，直角弯不得超过 2 个。

（5）采用金属软管及合成接头时，规格应与设备或钢管匹配，固定牢固，密封良好。

30.1.3 电缆保护管敷设

（1）直埋保护管埋设深度不应小于 0.7m；在人行道下面敷设时，不应小于 0.5m。

（2）电缆管连接时，应采用套管焊接，接缝应严密，不得有地下水和泥浆渗入。

（3）通向电缆沟的电缆管应有不小于 0.1% 的排水坡度。

（4）明敷电缆应安装牢固，横平竖直、管口高度、管径规格、弯曲弧度一致。支点间距离能够满足支撑荷载；当硬质塑料管的直线长度超过 30m 时，宜加装伸缩节。

（5）U 形敷设的电缆金属软管应在最低处打排水孔。

（6）金属保护管可靠接地。

30.2 施 工 要 点

30.2.1 材料检验

（1）检查热镀锌钢管、金属软管、硬质塑料管是否满足规范要求。

（2）检查电缆保护管外观是否良好，有无穿孔、裂缝、显著的凹凸不平，内壁光滑无毛刺、焊接部位光滑无毛刺。产品技术文件是否齐全。

30.2.2 电缆保护管配置

（1）根据施工图纸精确测量，优化电缆保护管敷设路径。

（2）检查冷弯后弯扁度、弯曲半径、弯制角度是否符合规范要求。

（3）检查电缆保护管的弯头和直角弯的数量，保护管的管口钝化处理、毛刺是否符合要求。镀锌钢管弯曲宜采用机械冷弯工艺。

（4）单根电缆保护管的弯头和直角弯的数量应符合规范要求。

（5）保护管两端的卡具（管箍、短接头、胶圈、衬管、外帽）可靠固定。外露部分根据不同的设备和接线盒位置采用热镀锌钢管、槽盒或金属软管。

30.2.3 电缆保护管敷设

（1）电缆管敷设前将管内杂物清理干净，检查敷设深度是否满足规范要求，做好防位移、防下沉措施，在易受机械损伤的地方和在受力较大处，应加大管材强度。

（2）镀锌保护管对接采用套管焊接方式，对接的管口连接可靠、密封良好。套管长度不小于电缆保护管外径的 2.2 倍，套管两端封焊，焊口及切割处做防腐处理。

（3）检查电缆保护管排水坡度是否满足规范要求。

（4）多根保护管排列敷设时，排列矩阵合理美观、固定牢固，接地可靠。钢管矩阵宜采用点焊加固方式，统一高度，焊接后去除夹渣并涂刷防腐漆。

（5）穿入端子箱、机构箱等户外箱体的电缆保护管，钢管选型宜一致，并满足电缆穿管要求，钢管矩阵排列整齐美观，矩阵与箱体预留孔应有相对活动的裕度。

（6）检查易积水的电缆保护管最低处是否打排水孔。

（7）电缆保护管敷设完成后，就近与主地网连接，先焊好接地线，再敷设电缆。

30.3 图 片 示 例

成果图片见图 30-1～图 30-4。

图 30-1　电缆保护管成品　　　　　图 30-2　电缆保护管焊接

图 30-3　机构箱电缆保护管矩阵　　　图 30-4　电缆保护管防沉措施

30.4 工 艺 效 果

（1）电缆管安装牢固，横平竖直，管口高度、管径规格、弯曲弧度一致。

（2）对接的管口套管两端焊接可靠、密封良好。

（3）排列矩阵合理美观、固定牢固，接地可靠。

31 电缆敷设及接线

工艺编号：T－JL－BD－31－2018

编写单位：国网山西送变电工程有限公司

审查单位：国网湖北送变电工程有限公司

31.1 工 艺 标 准

31.1.1 电缆敷设施工准备

（1）电缆型号应符合设计及规范要求。

（2）电缆的合格证、产品技术资格文件应齐全有效。

（3）电缆外观应无损伤、绝缘良好；直埋电缆应经试验合格。

31.1.2 支架上电缆敷设

（1）根据设计图纸勘查敷设路径，根据电缆的起点、终点，电缆的型号、长度，电缆的敷设顺序编制电缆敷设顺序表，并依据敷设顺序表敷设电缆。

（2）电缆在同侧支架上敷设排列顺序应符合下列要求：

1）电力电缆与控制电缆不宜配置在同一支吊架上。同沟敷设时，应采用防火板隔离或加装防火槽盒。

2）电力电缆、强电、弱电控制电缆按照由上而下的顺序分层配置。35kV及以上高压电缆引入柜盘时，为满足弯曲半径要求，可由下而上配置。

3）控制电缆在普通支吊架上不宜超过1层，桥架上不宜超过3层；交流三芯电力电缆，在普通支吊架上不宜超过1层，桥架上不宜超过2层；交流单芯电力电缆应布置在同侧支架上，呈"品"字形敷设。

（3）敷设的电缆应排列整齐，走向合理，不宜交叉，无下沉现象。

（4）铠装型、铜屏蔽型控制电缆最小弯曲半径应为电缆外径的12倍；非铠装型、屏蔽型软电缆应为6倍；交联聚氯乙烯绝缘电力电缆：多芯应为15

倍，单芯为 20 倍。

（5）机械敷设电缆的速度不得超过 15m/min，110kV 及以上电缆或在较复杂路径上敷设时，其速度应适当放慢。

（6）电缆固定：垂直敷设或超过 45°倾斜的电缆每隔 2m 固定；水平敷设的电缆每隔 5～10m 进行固定，在电缆首末两端及转弯、电缆接头处必须固定。交流单芯电力电缆固定夹具或材料不应构成闭合磁路。当按紧贴正三角形排列时，应每隔一定距离用绑带扎牢，以免其分散。

（7）各电缆终端、接头、竖井的上端应装设规格统一的标识牌，标识牌应满足设计及规范要求。

（8）电缆下部距离地面高度控制在 100mm 以上。

（9）防静电地板下电缆敷设宜设置电缆盒或电缆桥架并可靠接地。

31.1.3　穿管电缆敷设

（1）电缆管应排列整齐，走向合理，管径选择合适。

（2）管口排列整齐，封堵严密。

31.1.4　直埋电缆敷设

（1）直埋电缆应外观无损伤，经绝缘试验合格。

（2）根据设计图纸勘查敷设路径，计算电缆长度，确定电缆的起点、终点和型号规格。

（3）根据敷设路径开挖电缆沟，电缆表面距地面的距离不应小于 0.7m，穿越农田时不应小于 1m。在引入建筑物、与地下建筑物交叉及绕过地下建筑物处，应采取穿管保护措施。

（4）在电缆沟中埋砂，直埋电缆的上、下部应铺以不小于 100mm 厚的软土砂层，并加盖保护板，其覆盖宽度应超出电缆两侧各 50mm，保护板可采用混凝土盖板或砖块。软土或砂子中不应有石块或其他硬质杂物。

（5）敷设直埋电缆时直埋电缆的预留量应符合规范要求，电缆的弯曲半径符合规范要求。

（6）直埋电缆回填前，应经隐蔽工程验收合格，回填土应分层夯实。

（7）直埋电缆在直线段每隔 50～100m 处、电缆接头处、转弯处、进入建筑物等处，应设置明显的方位标识或标桩。

31.1.5 二次回路接线

（1）屏柜内配线电流、电压回路应采用电压不低于 750～1000V 电缆标称电压的铜芯绝缘导线，其截面面积不应小于 2.5mm²；其他回路截面面积不应小于 1.5mm²。

（2）连接门上的电器等可动部位的导线应采用不小于 4mm² 多股绝缘软铜导线，敷设长度应有适当裕度；与电器连接时，并应加终端附件或搪锡，不得松散、断股；在可动部位两端应用固定卡子。

（3）电缆排列整齐，号牌清晰，无交叉，固定牢固，端子排不应受到机械应力。

（4）芯线按垂直或水平有规律地布置，排列整齐美观，号头清晰，回路编号正确，绝缘良好，无损伤。芯线扎带间距统一、方向一致。

（5）强、弱电回路，双重化回路，交直流回路不应使用同一根电缆，并应分别成束分开排列。线芯应分别成束排列。

（6）互感器二次回路接地端应接至等电位接地网。

（7）直线型接线方式应保证直线段水平，间距一致；S 形接线方式应保证 S 弯弧度一致。

（8）芯线号码管长度一致，字体向外，电缆挂牌固定牢固，悬挂整齐。

（9）接线端子的每侧接线应为 1 根。

31.2 施 工 要 点

31.2.1 电缆敷设施工准备

（1）核对电缆的型号是否与设计图纸相符，检查电缆的产品技术资格文件是否齐全有效。

（2）检查电缆通道是否畅通、排水是否良好，电缆支架、桥架的防腐层是否完整，间距是否符合设计规定。

31.2.2 支架上电缆敷设

（1）根据设计和实际路径，计算每根电缆的长度，合理安排每盘电缆，减少换盘次数。

（2）敷设电缆时一般从支架的最下层到最上层逐层敷设，根据勘查的路径排列好电缆沟中左、右的路径。

（3）敷设电缆时，电缆上不应造成铠装压扁、电缆绞拧、护层折裂等未消除的机械损伤。电力电缆敷设时，电缆盘处、滑车之间等各个部位应尽可能减少电缆碰地的机会，以免损伤电缆外护套。

（4）机械敷设电缆时，应在牵引头或钢丝网套与牵引钢缆之间装设防捻器；牵引强度不得大于规范要求。

（5）检查电缆的排列顺序、弯曲半径是否符合设计及规范要求。

（6）检查电缆沟转弯、电缆层井口处的电缆弯曲弧度是否一致、过渡是否自然，直线电缆沟电缆是否有电缆弯曲或下垂现象。

（7）引入柜体的电缆应从柜体底部向上 200mm 处固定。

（8）电缆敷设后应及时装设标识牌。标识牌规格统一、内容完整齐全。

（9）检查防静电地板下的金属电缆槽盒或电缆桥架是否可靠接地。

（10）电缆进入电缆沟、隧道、竖井、建筑物、盘（柜）以及穿入管子时，出入口应封闭，管口应密封。

31.2.3 穿管电缆敷设

（1）电缆排管在敷设电缆前，先进行疏通，清除杂物。

（2）检查穿入管中电缆的数量符合设计要求。

（3）电力电缆与控制电缆不得穿入同一保护管内。交流单芯电缆不得单独穿入钢管内。

（4）穿电缆时，不得损伤护层，可采用无腐蚀性的润滑剂（粉）。

（5）检查敷设电缆的弯曲半径符合规范要求。

31.2.4 直埋电缆敷设

（1）检查直埋电缆外观是否已有损伤，试验是否合格。

（2）勘查路径时应避开有机械损伤、化学作业、地下电流、振动、热影响、腐殖物质、虫鼠等危害地段。

（3）直埋电缆沟开挖深度大于 700mm，宽度大于 500mm。

（4）电缆应埋设于冻土层以下，当受条件限制时，应采取防止电缆受到损坏的措施。

（5）电缆之间，电缆与其他管道、道路、建筑物等之间平行和交叉时的最小净距应符合 GB 50168—2006《电气装置安装工程　电缆线路施工及验收规范》的规定。严禁将电缆平行敷设于管道的上方或下方。

（6）电缆与站区道路交叉时，应敷设于坚固的保护管或隧道内。电缆管的两端宜伸出道路路基两边 500mm 以上，伸出排水沟 500mm。

（7）检查电缆的弯曲半径是否符合规范要求。

（8）直埋电缆应穿管引出地面，管口做好封堵，电缆头做好防潮措施。

31.2.5　二次回路接线

（1）核对电缆型号必须符合设计，剥除时不得损伤芯线。

（2）电缆号牌、芯线和所配导线的端部的回路编号应正确，字迹清晰、工整，且不易褪色。

（3）接线应正确、连接可靠，绝缘符合要求，盘柜内导线不应有接头，导线与电气元件间连接牢固可靠。

（4）电缆应先进行预排，后进行接线。接线端子每侧接线应为 1 根。对于插接式端子，插入的电缆芯剥线长度适中，铜芯不外露。对于螺栓连接端子，需将剥除护套的芯线弯圈的方向为顺时针，弯圈的大小与螺栓的大小相符，不宜过大。

（5）备用芯应满足端子排最远端子接线要求，应套标有电缆编号的号码管，并加套线芯护头。

（6）多股芯线应压接插入式铜端子或塘锡后接入端子排。

（7）装有静态保护和控制装置的屏柜的控制电缆，其屏蔽层接地线应采用螺栓接至专用等电位铜排。

（8）每个接地螺栓上所接的接地线鼻不得超过两个。

（9）对各种电缆异型管及电缆挂牌制作时，按照电压、电流、信号等进行功能区分，使用不同颜色的电缆牌，便于施工检查，并为变电站的运行、检修提供方便。

31.3　图　片　示　例

成果图片见图 31-1～图 31-6。

图 31-1　电缆敷设（一）

图 31-2　电缆敷设（二）

图 31-3　二次接线工艺

图 31-4　直埋电缆敷设

图 31-5　穿管电缆敷设

图 31-6　电缆牌安装

31.4 工 艺 效 果

（1）电缆外观良好，排列整齐、自然美观，固定牢固可靠，标识牌大小统一，内容齐全。

（2）直埋电缆敷设保护措施安全有效。

（3）二次接线排列整齐、固定牢固、号头清晰、连接可靠。

32 电力电缆终端制作

工艺编号：T－JL－BD－32－2018
编写单位：国网山西送变电工程有限公司
审查单位：国网湖北送变电工程有限公司

32.1 工 艺 标 准

32.1.1 电力电缆终端制作及安装

（1）380V 以下电力电缆终端制作采用热缩方式。

（2）电缆头附件应齐全无损伤，绝缘材料不得受潮。

（3）在室外制作 10kV 及以上电缆终端时，其空气相对湿度不得大于 70%。

（4）10kV 及以上电力电缆在剥切线芯绝缘、屏蔽、金属护套时，剥切长度应符合产品技术文件要求。

（5）电力电缆接地线应采用铜绞线或镀锡铜编织线与电缆屏蔽层可靠连接，其截面应满足 GB 50169—2016《电气装置安装工程　接地装置施工及验收规范》要求。

（6）电缆通过零序电流互感器时，电缆金属护层和接地线应对地绝缘，电缆接地点在互感器以下时，接地线应直接接地；接地点在互感器以上时，接地线应穿过互感器接地。

（7）单芯电缆或分相后的各项终端的固定不应形成闭合的铁磁回路，固定处应加装符合规范要求的衬垫。

（8）电缆终端上应有明显的相色标识，且与系统的相位一致。

（9）电缆头应顶部平整，密实均匀，单层布置的电缆头的制作高度宜一致；多层布置的电缆头高度可以一致，或从里往外逐层降低；同一区域或每类设备的电缆头的制作高度和样式应统一。

（10）热缩管应与电缆的直径配套，要求缠绕的聚氯乙烯带颜色统一，缠绕密实、牢固，热缩管电缆头应采用统一长度热缩管加热收缩而成。

（11）电缆的钢带以及屏蔽层接地方式应满足规范要求。

32.1.2　高压电力电缆终端制作及安装

（1）10kV 及以上电力电缆终端采用冷缩方式制作电缆头。

（2）电缆芯线规格与接线端子规格配套，压接面清洁光滑、压接紧密，接线端子面平整洁净。

（3）接地线与钢带宜用绞接的方式连接，采用聚氯乙烯带进行缠绕，确保连接可靠。

（4）制作电缆终端与接头，从剥切电缆开始应连续操作直至完成，缩短绝缘暴露时间。

（5）电缆终端和接头采取加强绝缘、密封防潮、机械保护等措施。

（6）10kV 及以上电缆在剥切线芯绝缘、屏蔽、金属护套时，剥切长度应符合产品技术文件要求。

（7）塑料绝缘电缆在制作终端头时，应彻底清除半导电屏蔽层。

（8）电缆线芯连接时，应除去线芯和连接管内壁油污及氧化层。压接模具与金具配合恰当。

（9）三芯电力电缆终端处的金属护层应接地良好，单芯电缆应按照设计要求接地，塑料电缆每相铜屏蔽和钢铠宜采用恒力弹簧固定接地线。

32.2　施　工　要　点

32.2.1　电力电缆终端制作及安装

（1）引入屏柜、箱内的铠装屏蔽电缆应在进入柜、箱内一定高度将钢带切断，切断处的端部，铠装层采用 4mm² 黄绿多股铜芯线与之紧密缠绕或焊接后，屏蔽层采用 4mm² 黑色多股铜芯线与之紧密缠绕或焊接后，再用聚氯乙烯带紧密缠绕，最后用热缩管进行热缩保护。铠装层接地线连接至屏柜、箱内的接地铜排上。屏蔽层接地线连接至屏柜、箱内的等电位铜排上。

（2）开关场设备本体接线盒至端子箱的控制电缆铠装层两端分别接地，屏蔽层在端子箱一端接至等电位铜排上，另一端无需接地。

（3）电缆屏蔽线、钢带接地线应在电缆的统一的方向分别引出。

32.2.2 高压电力电缆终端制作及安装

（1）将电缆校直、擦拭干净。按照产品技术文件要求剥去规定长度的外护套以及预留钢铠、内护层长度等，其余剥除。采用 PVC 胶带将铜屏蔽端头缠绕固定，去除电缆填充物。

（2）用砂带将钢铠的油漆、铁锈打磨清理，将内护层及外护套端口（末端相应距离内）用砂带打磨，擦净。然后用恒力弹簧固定在钢铠上。（为了牢固，地线要留产品技术文件要求相应距离的头，恒力弹簧将其绕一圈后，把露出的头反折回来，再用恒力弹簧缠绕固定。）

（3）外套断口以下产品技术文件要求相应距离至整个恒力弹簧、钢铠及内护层，用填充胶缠绕两层。

（4）将铜屏蔽地线一端塞入三线芯中间，再将垫锥塞入，用地线在三线芯根部包绕一圈，再用恒力弹簧在地线外环绕固定；用填充胶缠绕两层，最后用黑色绝缘自粘带在填充胶和恒力弹簧外缠绕。钢铠地线与铜屏蔽地线不允许短接。

（5）安装冷缩指套，固定地线。将三芯指套套入电缆三岔口，尽量下压。逆时针先将指端衬管条抽出（边抽边将指套下压），再抽大口衬管条。在指套指头往上产品技术文件要求相应距离之内的铜屏蔽缝隙上缠绕 PVC 胶带，指套下端用尼龙扎带（户内）或铜扎带（户外）将地线扎紧。

（6）固定冷缩管。将冷缩管套在指套根部，逆时针抽出衬管条使冷缩管收缩（抽动时手不要攥着未收缩的冷缩管）。

（7）收缩完成后，冷缩管末端到芯端部的距离 D 应等于产品技术文件要求相应的距离，则切除多余的冷缩管（切除时先用胶带环绕固定，然后环切，不能留下刀口，严禁轴向切割）；如果大于，则锯除多余的线芯；同样完成其他两相。

（8）剥除铜屏蔽、外半导体层；确定收缩定位标识，铜屏蔽，外半导体保留产品技术文件要求相应距离，其余切除，外半导电层断口倒角，与绝缘层平滑过渡，缠绕相色条。外半导电层断口往下 65mm 处用电工胶带收缩定位标识。

（9）在铜屏蔽上缠绕半导电带，搭接冷缩管和外半导电层各 5mm 并和冷缩管缠平。

（10）用砂纸打磨掉主绝缘表面刀痕，并用清洁纸清洁，清洁时从线芯端头起，撸到外半导电层，切不可来回擦。

（11）带上 PE 手套，将绝缘润滑脂均匀涂在绝缘表面，外半导电层断口台阶处多涂一些，但不要涂抹到外半导电层上。

（12）将终端穿进电缆线芯，拉动终端内衬管条，使终端断头和收缩定位标识对齐，逆时针方向轻轻拉动衬管条，使冷缩终端收缩（如收缩时发现终端端头和限位线错位，及时纠正）。

（13）插入端子，调整端子方向，使用符合国标六角压模压接三道。

（14）用砂条将端子上的压痕尖角打磨光滑；用绝缘自粘带将压痕及线芯间隙缠平。

（15）先套入垫管，抵住绝缘层均匀收缩，然后套入密封管，以终端第一个伞裙为起点收缩密封管。

（16）同样完成其他两相，安装完毕。

32.3　图　片　示　例

成果图片见图 32-1 和图 32-2。

图 32-1　处理绝缘层　　　　　　图 32-2　处理屏蔽层

32.4 工 艺 效 果

（1）电缆头绑扎牢固，弯曲自然。

（2）外观良好。

（3）安全距离满足要求。

33 电缆防火与阻燃

工艺编号：T-JL-BD-33-2018

编写单位：国网山西送变电工程有限公司

审查单位：国网湖北送变电工程有限公司

33.1 工 艺 标 准

33.1.1 材料检验

（1）要求产品合格证、出厂质量检验报告、有资质的检测机构出具的检测报告等资料齐全，符合 GB 50168—2006《电气装置安装工程 电缆线路施工及验收规范》规定。

（2）防火堵料、防火隔板、防火包或防火模块等的防火性能满足设计图纸要求。

33.1.2 电缆沟内防火墙制作

（1）敷设阻燃电缆的电缆沟每隔 80~100m 设置防火墙。敷设非阻燃电缆的电缆沟宜每隔 60m 设置防火墙，在电缆沟交叉、拐弯、总支分界、入室处均应设置防火墙。

（2）阻火墙中间采用有机堵料、防火包堆砌时，其厚度一般不小于 150mm，两侧采用 10mm 以上厚度的防火隔板或防火涂层板封隔；防火墙采用防火膨胀模块砌筑时可直接砌筑，其厚度一般不小于 240mm。

（3）防火墙顶部用有机堵料填平整，并加盖防火隔板或防火涂层板；底部应留有排水孔洞。

（4）采用耐蚀腐材料支架固定阻火墙隔板。

（5）涂刷防火涂料在阻火墙两侧不小于 1.5m 范围内，厚度为 1mm±0.1mm。

（6）沟底、防火板的中间缝隙应采用有机堵料或防火密封胶做线脚封堵，厚度大于阻火墙表层的 10mm，宽度不得小于 20mm，呈几何图形，面层平整。

（7）阻火墙两侧的电缆周围利用有机堵料进行密实的分隔包裹，其两侧厚度大于阻火墙表层的 20mm，电缆周围的有机堵料宽度不得小于 40mm，呈几何图形，面层平整。

（8）阻火墙上部的电缆盖上涂刷红色的明显标记。

33.1.3　电缆孔洞、管口封堵

（1）孔洞底部铺设厚度≥10mm 的防火板或防火涂层板，在孔隙口及电缆周围采用有机堵料或膨胀型防火密封胶进行密实封堵，厚度不得小于 20mm。

（2）在孔洞底部防火板与电缆的缝隙处做线脚，线脚厚度≥10mm，电缆周围的有机堵料的宽度≥40mm。

（3）电缆管口封堵露出管口厚度≥10mm。

33.1.4　屏、柜、箱底部封堵

（1）屏、柜、箱底部以厚度≥10mm 防火板或防火涂层板封隔，安装平整牢固，缺口、缝隙使用有机堵料或防火密封胶密实封堵，面层平整。

（2）在预留的保护柜孔洞底部铺设厚度≥10mm 的防火板或防火涂层板，在孔隙口用有机堵料或防火密封胶进行密实封堵，用防火包填充或无机堵料浇筑，塞满孔洞。在预留孔洞的上部再采用钢板或防火板进行加固，以确保作为人行通道的安全性，如果预留的孔洞过大应采用槽钢或角钢进行加固，将孔洞缩小后方可加装防火板（孔洞的规格应小于 400mm×400mm）。

（3）盘柜底部的专用接地铜排离底部不小于 50mm，便于封堵。

33.2　施　工　要　点

33.2.1　电缆防火墙材料检验

（1）材料到货后进行外观检查，防火堵料不结块、无杂质；防火隔板应平整光洁、厚度均匀；防火包或防火模块表面平整、无腐蚀现象、无开裂，相关资料齐全。

（2）统计安装位置、安装方式，确定所需的防火堵料、防火隔板、防火包

或防火模块及具有相应耐火等级的安装附件的数量。

33.2.2 电缆沟内防火墙制作

（1）电缆敷设完成后，严格按照设计图纸位置进行防火墙制作施工。

（2）采用膨胀螺栓将耐腐蚀材料支架固定在电缆沟内壁，将防火墙两侧隔板嵌入支架内，墙内进行阻火包堆筑；采用防火模块时直接砌筑，防火模块之间采用膨胀密封胶做勾缝封堵。

（3）阻火墙顶部用有机堵料填平整，并加盖防火隔板或防火涂层板；底部应留有排水孔。电缆沟阻火墙宜预先布置 PVC 管，并将其两端封堵，便于日后扩建。

（4）采用防火包及隔板形式的防火墙上部采用铝合金包边，封堵四周采用铝合金护沿，防止堵料晒化流淌，影响美观。

（5）防火涂料按一定浓度稀释，搅拌均匀，防火墙两侧 1.5m 处进行均匀涂刷，涂刷厚度或次数、间隔时间符合材料使用及规范要求。

（6）阻火墙上部的电缆盖上做明显标识，便于施工及日后维护。

33.2.3 电缆孔洞、管口封堵

（1）在孔隙口及电缆周围采用有机堵料或防火密封胶进行密实封堵。

（2）在封堵电缆孔洞时，封堵应严实可靠，无明显裂缝和可见的孔隙，孔洞较大者应加耐火衬板后再进行封堵。

（3）电缆沟壁上电缆孔洞封堵时，电缆沟内壁用有机堵料封堵严实，电缆沟外壁用水泥砂浆封堵严实。

（4）用防火包填充或无机堵料浇筑，塞满孔洞。电缆管口封堵采用有机堵料或防火密封胶，封堵严密。

（5）管径大于 50mm 的电缆管口封堵时宜在管内加装防火挡板或防火包，管口的堵料要成圆弧形，避免封堵材料掉落管内。

33.2.4 屏、柜、箱底部封堵

（1）按照屏、柜、箱底部尺寸切割防火板。

（2）屏、柜、箱进线孔洞口采用防火隔板或防火涂层板进行封堵，隔板安装平整牢固，缺口、缝隙使用有机堵料或防火密封胶密实地嵌于孔隙中，并做线脚，线脚厚度不小于 10mm，宽度不小于 20mm，电缆周围有机堵料的宽度

不小于 40mm，呈几何图形，面层平整。

（3）检查封堵屏、柜、箱底部是否封堵严实可靠，无明显裂缝和可见的孔隙。

（4）屏、柜、箱内有机堵料平整，高度合适，不能将接地铜排的接地端子堵上。

33.3　图　片　示　例

成果图片见图 33－1～图 33－4。

图 33－1　电缆沟防火墙（一）

图 33－2　电缆沟防火墙（二）

图 33－3　电缆孔洞、管口防火封堵

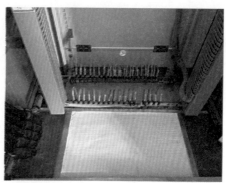

图 33－4　屏、柜、箱底部防火封堵

33.4 工 艺 效 果

（1）防火隔板安装牢固，无缺口，缝隙外观平整。

（2）有机堵料封堵严密牢固，无漏光、漏风裂缝和脱漏现象，表面光洁平整。

（3）无机堵料封堵表面光洁、无粉化、硬化、开裂的缺陷。

（4）防火涂料表面光洁、厚度均匀。

地　网　施　工

工艺编号：T－JL－BD－34－2018

编写单位：国网山西送变电工程有限公司

审查单位：湖南省送变电工程有限公司

34.1　工艺标准（主接地网）

34.1.1　材料进场检验

（1）主接地网材料的材质、规格等应满足设计及规范要求，产品技术资料齐全。

（2）原材料表面应洁净、无裂纹、无扭曲变形、无明显划伤，表面镀层应完好、无腐蚀。

（3）原材料应按照 Q/GDW 467—2010《接地装置放热焊接技术导则》送检，合格后方可使用。

34.1.2　放线及开挖

（1）主接地网敷设位置、网格大小应符合设计要求，水平接地体的间距不宜小于 5m，垂直接地极的间距不宜小于其长度的 2 倍。

（2）主接地网埋设深度应符合设计要求，当无具体规定时，接地装置的顶面埋设深度不宜小于 0.8m。

34.1.3　主地网敷设

（1）接地体敷设应平整、顺直，不得损坏表面镀层。

（2）接地体之间、接地线与接地体（极）之间的连接应采用焊接。

（3）焊接后焊痕外至少 100mm 范围内应采取可靠的防腐措施。做防腐处理之前，表面应除锈并去除残留焊药。

（4）接地线、接地体（极）采用电弧焊接时进行搭接，搭接长度应符合规范要求；接地线、接地体（极）采用放热焊接时，焊接接头应满足有关规定。

（5）主接地网的外缘应闭合，外缘各角应做成圆弧形，圆弧的半径不宜小于临近均压带间距的一半；均压带应水平敷设，可按等间距或不等间距布置。

（6）避雷针（线、带、网）的接地应符合有关规定，采取自下而上的施工程序。首先安装集中接地装置，后安装引下线，最后安装接闪器。

34.1.4 基槽回填

（1）回填土内不应夹有石块和建筑垃圾等，外取土壤不应有较强腐蚀性；回填时应分层夯实，室外接地沟回填宜有100～300mm厚度防沉层。

（2）在山区石质地段或电阻率较高土质区段敷设接地体，净土垫层厚度应不小于100mm，并用净土分层夯实回填。

（3）接地标识应规范、外露一致、工艺美观。

34.1.5 接地电阻测试

主接地网接地阻抗、接地电阻值及其他测试参数应符合设计要求。

34.2 施工要点（主接地网）

34.2.1 材料进场检验

（1）检查接地材料的规格、材质是否符合设计及规范要求，合格证、检验报告等产品技术资料是否齐全。

（2）检查接地材料是否洁净，应无裂纹、扭曲变形、明显划伤等缺陷，焊条、热熔剂、防腐漆等是否符合设计及规范要求，合格证、检验报告等产品技术资料是否齐全。

（3）各种原材料按照 Q/GDW 467—2010 取样送检，检验合格方可使用。

34.2.2 放线及开挖

（1）根据现场实际情况，结合设计要求，利用专用软件进行排版优化，在现场进行接地体（极）、接地主网和辅网的测量放线。如接地网与设备基础等障碍物交叉时，应避开障碍物进行放线。

（2）施工时，需电气与土建配合施工，分区域进行机械开挖，以场地标高为基准，控制开挖间距、深度符合设计及规范要求。

34.2.3　主地网敷设

（1）水平接地体、垂直接地极采用符合设计及规范要求的原材料。

（2）采用机械成孔至埋深深度，孔径满足垂直接地极安装要求。接地极顶标高不应高出设计埋深，接地极安装后将孔内回填密实。

（3）铜绞线、铜排、铜覆钢等接地体焊接以及扁钢与铜质材料焊接时采用热熔焊，焊接模具应与材料规格匹配，焊接时应预热模具，模具内热熔剂填充密实，点火过程安全防护可靠。被连接导体完全包在接头里，连接部位金属完全融化、连接牢固，接头表面光滑、无贯穿性气孔，清除焊渣，并涂防腐漆。

（4）扁钢弯制时采用机械冷弯工艺，焊接时搭接长度为其宽度的 2 倍，扁钢与垂直接地极至少 3 边焊接，圆钢搭接长度为直径的 6 倍，扁钢与圆钢搭接长度为圆钢直径的 6 倍。

（5）先敷设接地主网，再敷设接地辅网，辅网与主网按设计要求可靠连接。

（6）在接地线跨越建筑物伸缩缝、沉降缝时，设置补偿器，补偿器可用接地线本身弯成弧状代替。

（7）转弯处应弯成圆弧状，建筑物门口和进站大门口应设置均压带。垂直接地极距避雷针的水平距离不宜小于 5m，当小于 5m 时应铺设碎石、沥青路面或在地下装设两条与接地网相连的均压带。

（8）道路下接地网交接处应设置三通并加钢盖板封堵。采用扁铁接地网立放敷设时，宜在交接处设置底座。

（9）独立避雷针（线）设置独立集中接地装置；当与主接地网连接时，地下连接点至 35kV 及以下设备与主接地网地下连接点，沿接地体的长度不小于15m；与主接地网的地中距离不小于 3m；与道路或建筑物出入口等距离大于3m，当小于 3m 时采取均压措施、铺设卵石或沥青地面。

（10）避雷针（网、带）及其接地装置的施工程序符合规范要求，与引下线之间的连接采用焊接或放热焊接；引下线及接地装置所使用紧固件均为镀锌制品，采用非镀锌紧固件时采取防腐措施。

34.2.4　基槽回填

（1）回填土内无石块和建筑垃圾等，外取土壤无腐蚀性；回填时采用立式或蛙式打夯机分层夯实，室外接地沟回填 100～300mm 厚的防沉层。

（2）在山区石质地段或电阻率较高土质区段敷设接地体，净土垫层厚度不小于100mm，并用净土分层夯实回填。

（3）在接地体交叉部位正上方地面设置明显接地标识，接地标识规范、外露一致、工艺美观。

34.2.5　接地电阻测试

主接地网施工完成后，测量接地阻抗、接地电阻值以及其他参数，测试结果均符合规范及设计要求。

34.3　工艺标准（二次等电位网）

34.3.1　材料进场检验

（1）二次等电位网材料一般采用铜排，截面不得小于 100mm²，材质、规格应满足设计及规范要求，合格证、检验报告等产品技术资料齐全。

（2）原材料应按照 Q/GDW 467—2010 送检，合格后方可使用。

34.3.2　二次等电位网安装

（1）支撑二次等电位网铜排的绝缘支柱应布置合理，间隔一致。

（2）铜排使用前应校直，保证铜排平直、美观。

（3）焊接接头应无贯穿性气孔，表面不允许有未融合、夹渣及裂纹等缺陷，焊接处应做防腐处理。

（4）二次等电位网必须与主接地网可靠连接。

（5）保护屏柜、端子箱等与二次等电位网的连接应符合《国家电网公司十八项电网重大反事故措施（修订版）》。

34.4　施工要点（二次等电位网）

34.4.1　材料进场

（1）检查二次等电位网材料的材质、规格是否符合设计及规范要求，合格证、检验报告等产品技术资料是否齐全。

（2）原材料按照 Q/GDW 467—2010 取样送检，检验合格后方可使用。

34.4.2 二次等电位网安装

（1）根据设计要求在电缆支架最上层安装绝缘支柱，测量相邻支柱间距离。

（2）铜排使用前进行校直，在铜排下方垫道木并使用橡胶锤校正，防止损坏。在铜排上相应位置打孔。

（3）将制作好的等电位铜排安装在绝缘支柱上，等电位铜排连接使用热熔焊焊接，焊接满足规范要求，焊接位置做防腐处理。

（4）位于保护室内的等电位接地网，根据屏柜走向组成"目"形结构，并在电缆沟主入口处使用 4 根截面积不小于 50mm^2 的铜绞线与主接地网就近连接；室外电缆沟内等电位接地网在开关场地就地端子箱处，使用截面积不小于 100mm^2 铜绞线与主接地网可靠连接。

（5）静态保护和控制装置的屏柜下部设有与柜体绝缘、截面面积不小于 100mm^2 的接地铜排。屏柜内等电位排用截面积不小于 50mm^2 的铜缆与保护室内的等电位接地网连接。

（6）开关场的就地端子箱内设置与柜体绝缘的截面面积不小于 100mm^2 的接地铜排，并使用不小于 100mm^2 的铜缆与电缆沟道内的等电位接地网连接。铜绞线压接线鼻子，使用螺栓连接，接触面搪锡。

34.5 图 片 示 例

成果图片见图 34-1～图 34-7。

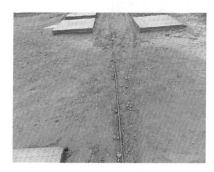

图 34-1 放线

图 34-2 开挖

图 34-3 接地体热熔焊

图 34-4 焊接头防腐检查

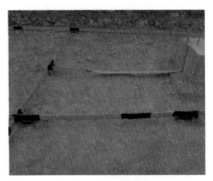

图 34-5 主接地网成品

图 34-6 二次等电位网（一）

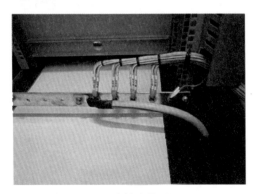

图 34-7 二次等电位网（二）

34.6 工 艺 效 果

（1）主接地网的敷设位置、网格大小、埋设深度符合设计及规范要求，接地标识规范、外露一致、工艺美观，接地阻抗、接地电阻值及其他测试参数符合设计要求。

（2）二次等电位网铜排的绝缘支柱布置合理、间隔一致；铜排平直、美观，与主接地网可靠连接。

35 光端机安装

工艺编号：T-JL-BD-35-2018

编写单位：河北省送变电有限公司

审查单位：国网湖北送变电工程有限公司

35.1 工 艺 标 准

35.1.1 施工准备

（1）施工场地布置合理，满足施工作业要求。

（2）设备基础误差、预埋件、预留孔、接地线位置应满足设计图纸及产品技术文件的要求。

35.1.2 设备现场保管及开箱检查

设备外观清洁，铭牌标识完整、清晰，底座固定牢靠，受力均匀。

35.1.3 设备安装

（1）光端机底座与基础槽钢连接牢固，接地良好，可开启柜门用软铜导线可靠接地。

（2）屏柜面平整，附件齐全，门销开闭灵活，照明装置完好，盘、柜前后标识齐全、清晰。

（3）屏柜体垂直度误差＜1.5mm/m；相邻两柜顶部水平度误差＜2mm，成列柜顶部水平度误差＜2mm；相邻两柜盘面误差＜1mm，成列柜面盘面误差＜5mm，相间接缝误差＜2mm。

35.2 施 工 要 点

35.2.1 基础复测

对基础平行预埋基础型钢平行间距误差、平行基础型钢整体平整度误差及单根基础型钢平整度进行复测，核对基础型钢预埋长度与设计图纸是否相符，复查基础型钢与接地网是否可靠连接。

35.2.2 设备现场保管及开箱检查

（1）设备运至现场后，核对运输清单，检查设备包装是否完好无损，并做好交接记录。

（2）根据施工现场布置图及安装位置进行临时放置，设备安放稳妥。

35.2.3 设备安装

（1）光端机安装前，检查外观面漆无剐蹭痕迹，外壳无变形；检查操作按钮、门把手是否完好，内部电气元件固定有无松动。

（2）依据设计图纸核对每面光端机安装位置，从一侧开始组立，与预埋槽钢间螺栓连接，第一面光端机安装后调整好垂直和水平，紧固底部与槽钢连接螺栓。

（3）相邻光端机以每列已组立好的第一面为齐，使用厂家专配的安装螺栓连接，调整好光端机间缝隙后紧固底部连接螺栓和相邻光端机间连接螺栓。

35.3 图 片 示 例

成果图片见图35-1。

图 35-1　光端机安装

35.4　工 艺 效 果

（1）光端机的固定及接地可靠，漆层完好，清洁整齐，标识规范。

（2）光端机内所装电器元件齐全完好，安装位置正确，固定牢固。

（3）光纤连接在沟道内加塑料子管保护，两端预留长度统一。

（4）与保护有关线缆标识颜色采用红底黑字，其余采用白底黑字。

36 程控交换机安装

////////////

工艺编号：T‑JL‑BD‑36‑2018

编写单位：河北省送变电有限公司

审查单位：国网湖北送变电工程有限公司

36.1 工 艺 标 准

36.1.1 施工准备

（1）施工场地布置合理，满足施工作业要求。

（2）设备基础误差、预埋件、预留孔、接地线位置应满足设计图纸及产品技术文件的要求。

36.1.2 设备现场保管及开箱检查

设备外观清洁，铭牌标识完整、清晰，底座固定牢靠，受力均匀。

36.1.3 设备安装

（1）程控交换机底座与基础槽钢连接牢固，接地良好，可开启柜门用软铜导线可靠接地。

（2）屏柜面平整，附件齐全，门锁开闭灵活，照明装置完好，盘、柜前后标识齐全、清晰。

（3）屏柜体垂直度误差<1.5mm/m；相邻两柜顶部水平度误差<2mm，成列柜顶部水平度误差<2mm；相邻两柜盘面误差<1mm，成列柜面盘面误差<5mm，相间接缝误差<2mm。

（4）机架内各种线缆应使用活扣扎带统一编扎，活扣扎带间距为100～200mm，缆线应顺直，无明显扭绞。

36.2 施 工 要 点

36.2.1 基础复测

对基础平行预埋基础槽钢平行间距误差、平行槽钢整体平整度误差及单根槽钢平整度进行复测，核对基础槽钢预埋长度与设计图纸是否相符，复查基础槽钢与接地网是否可靠连接，检查电缆孔洞应与盘柜匹配，基础槽钢与主接地网连接可靠。

36.2.2 设备现场保管及开箱检查

（1）设备运至现场后，核对运输清单，检查设备包装是否完好无损，并做好交接记录。

（2）根据施工现场布置图及安装位置进行临时放置，设备安放稳妥。

36.2.3 设备安装

（1）程控交换机安装前，检查外观面漆无剐蹭痕迹，外壳无变形。检查操作按钮、门把手是否完好，内部电气元件固定有无松动。

（2）依据设计图纸核对每面程控交换机安装位置，从一侧开始组立，与预埋槽钢间螺栓连接，第一面程控交换机安装后调整好垂直和水平，紧固底部与槽钢连接螺栓。

（3）相邻程控交换机以每列已组立好的第一面为齐，使用厂家专配的安装螺栓连接，调整好间缝隙后紧固底部连接螺栓和相邻间连接螺栓。

（4）金属铠装缆线从机房外引入时，缆线外铠装与机架接地相连音频电缆线芯经过电流、过电压保护装置接入设备。

36.3 图 片 示 例

成果图片见图 36-1 和图 36-2。

图 36-1 程控交换机

图 36-2 程控交换机安装

36.4 工 艺 效 果

（1）程控交换机的固定及接地可靠，漆层完好，清洁整齐，标识规范。

（2）程控交换机内所装电器元件齐全完好，安装位置正确，固定牢固。

（3）卡接电缆芯线，卡线位置、长度一致，穿线孔可视，卡接处线芯不得扭绞。

37 光缆敷设及接线

工艺编号：T－JL－BD－37－2018
编写单位：河北省送变电有限公司
审查单位：国网湖北送变电工程有限公司

37.1 工 艺 标 准

37.1.1 施工准备

（1）施工场地布置合理，满足施工作业要求。

（2）设备安装位置、预留孔、接地线位置应满足设计图纸要求。

37.1.2 光缆现场保管及开箱检查

光缆外观清洁，铭牌标识完整、清晰，光缆盘放置牢靠，摆放整齐。

37.1.3 光缆敷设及接线

（1）进场光缆由接续盒引下的导引光缆至电缆沟地埋部分应穿热镀锌钢管保护，钢管两端做防水封堵。

（2）线路光缆引下线固定可靠、美观，余缆固定及弯曲半径符合要求、工艺美观。导引光缆应排列整齐，走向合理，不得交叉，最小弯曲半径不小于缆径的 25 倍。

（3）光缆沿构架敷设应与构架采取绝缘措施，在构架法兰处采取必要防护措施。架空避雷线应与变电站接地装置相连，并设置便于地网电阻测试的断开点。

37.2 施 工 要 点

37.2.1　设备现场保管及开箱检查

（1）光缆运至现场后，核对运输清单，检查包装是否完好无损，并做好交接记录。

（2）根据施工现场布置图及光缆位置进行临时放置，光缆放置做好防护措施。

37.2.2　光缆敷设及接线

（1）光缆熔接后采用热熔套管保护，光缆接头损耗达到设计规定值。

（2）光缆接续时，注意光缆端别、光纤纤序，对光缆端别及纤序作识别标识。

（3）光纤预留在接线盒内长度足够盘绕，并无挤压、松动。

（4）尾纤接线顺畅自然，多余部分盘放整齐，盘卷半径合适，不得使光纤受折，备用芯加套头保护。

（5）导引光缆配置在缆沟底层支吊架上，在电缆沟内敷设的无铠装通信电缆和光缆采用非金属保护管进行保护。

37.3 图 片 示 例

成果图片见图 37-1～图 37-3。

图 37-1　光纤安装

图 37－2　线路光缆熔接安装

图 37－3　线路光缆敷设安装

37.4　工　艺　效　果

（1）数字配线架跳线整齐；同轴电缆与电缆插头的焊接牢固、接触良好，插头的配件装配正确牢固；尾纤弯曲半径≥40mm，编扎顺直，无扭绞。

（2）所有数据双绞线、同轴电缆、光纤缆芯均需挂牌，走线合理，排列整齐；导引光缆两端及转弯处装设规格统一的标识牌；光缆经由走线架、拐弯点、上线柜、每层楼开门处均绑扎固定。

（3）与保护有关线缆标识颜色应采用红底或者黄底黑字，其余采用白底黑字。